少年学AI，这本就够了

武育泰 编著

化学工业出版社

·北京·

内 容 简 介

本书是专门为青少年编写的人工智能（AI）入门读物，旨在揭开AI的神秘面纱，让年轻一代能够更好地理解、掌握并应用这项前沿技术。

本书内容从基础概念出发，逐步深入到实践应用，全面展示人工智能在青少年的生活娱乐、教育学习等领域的具体应用，引导青少年走进AI的世界，激发他们对人工智能的兴趣和想象力。

尤其值得一提的是，本书也特别适合父母阅读学习，从而了解未来科技发展方向，并通过掌握AI弥补自己在某些学科知识上的短板，以更好地辅导孩子。

图书在版编目(CIP)数据

少年学AI，看这本就够了 / 武育泰编著. -- 北京 ：化学工业出版社，2025．3（2025.3重印）. -- ISBN 978-7-122-47532-9

Ⅰ. TP18-39

中国国家版本馆CIP数据核字第202530C4R1号

责任编辑 ：潘　清　孙　炜　　　　　　　　　责任校对 ：杜杏然

出版发行 ：化学工业出版社（北京市东城区青年湖南街13号　邮政编码100011）
印　　装 ：天津画中画印刷有限公司
710mm×1000mm　1/16　印张9　字数250千字　2025年3月北京第1版第6次印刷

购书咨询 ：010-64518888　　　　　　　　　售后服务 ：010-64518899
网　　址 ：http://www.cip.com.cn
凡购买本书，如有缺损质量问题，本社销售中心负责调换。

定　价 ：46.00元　　　　　　　　　　　　　版权所有　违者必究

前 言
PREFACE

在这个日新月异的时代，人工智能（AI）已经不再是科幻电影中的幻想，它正在悄然改变着人们的生活方式、学习方式乃至思维方式。本书旨在帮助青少年朋友们搭上这趟科技快车，以一种亲切、易懂的方式，引导他们探索人工智能的奇妙世界。笔者相信，每一位青少年朋友都有成为未来科技探索者的潜质，而了解并掌握人工智能的基础，正是开启未来之门的钥匙。

人工智能已经成为推动社会发展的关键技术之一，它不仅改变了我们的工作方式，也深刻地影响了我们的日常生活。面对这一变革，青少年作为未来的主人翁，有必要了解和掌握AI的基础知识，以便在未来的社会中更好地立足。在这本书中，青少年不仅将学习到AI是什么，还将了解到它是如何工作的，更重要的是，他们还将学会如何与AI一起学习、娱乐，甚至共同创造。

本书架构清晰，前面两章主要讲述人工智能的理论部分。第1章通过生活中的实例，如语音助手、自动驾驶等，通俗地介绍AI的基本概念。第2章将带领读者深入了解AI的内部工作原理。

第3章到第6章讲述了AI在生活娱乐中的具体应用。第3章主要讲解了AI在生活中的具体应用，第4章主要讲解了AI在绘画中的应用，第5章探讨了AI在设计领域的应用，第6章则详细讲解了AI在音、视频中的应用。

第7章到第9章聚焦于AI在青少年学习中的实践应用。第7章首先讲述了如何使用AI进行综合学习，而第8章和第9章则具体探讨了AI在青少年学习科目中的应用。

第10章将带领读者深度探索国产AI先锋——DeepSeek。本章以2025年现象级AI产品DeepSeek R1为范例，通过个性化学习计划制定、诗词智能分类、学科知识巩固、物理现象解析等具体场景，展示如何运用先进AI工具提升综合素质。通过学习，读者将掌握多轮对话、深度思考等核心技巧，学会让AI成为全天候学习伙伴。

最后，笔者希望这本书能够成为青少年了解人工智能的窗口，在阅读中开阔视野、增长知识。笔者也期待青少年能够在人工智能的世界中找到自己的兴趣，发挥自己的潜能。

另外，本书也非常适合父母阅读学习，其原因有三：

首先，本书可以帮助家长把握科技发展趋势，让孩子站在时代的前沿。

其次，可以弥补父母在某些方面知识的不足，通过灵活使用AI工具帮助父母更好地辅导孩子学习。

最后，本书提供了丰富的学习资源，能有效弥补家庭教育在新兴技术领域的不足，助力孩子在智能科技的浪潮中乘风破浪。通过共同阅读这本书，父母不仅能为孩子揭开AI的神秘面纱，还能让孩子们意识到，AI不是高悬于空中的科技幻梦，而是能够贴近生活、服务大众、激发创造力的实用伙伴。

特别提示：本书在编写过程中，参考并使用了当时最新的AI工具界面截图及功能作为实例进行编写（包括2025年1月发布的DeepSeek R1模型）。然而，由于从书籍的编撰、审阅到最终出版存在一定的周期，AI工具可能会进行版本更新或功能迭代，因此，实际用户界面及部分功能可能与书中所示有所不同。提醒各位读者在阅读和学习过程中，要根据书中的基本思路和原理，结合当前所使用的AI工具的实际界面和功能进行灵活变通和应用。

编　者

目 录
CONTENTS

第2章 走进神奇的人工智能世界

第3章 用AI让生活更有趣

第4章 用AI变身绘画大师

第5章 畅享AI设计创作的乐趣

第6章 畅游AI音、视频创意世界

第7章 用AI进行综合学习

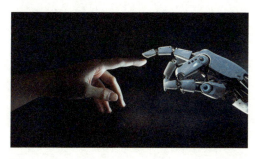

第8章 用AI学习语文和英语

第9章 用AI学习数学、物理和化学

第10章 用DeepSeek 进行深度探索

第 1 章

揭开人工智能的
神秘面纱

什么是人工智能

广义上的人工智能

广义上的人工智能（AI）是指使计算机能够执行那些通常需要人类智能才能完成任务的技术的总称。这包括很多领域，如机器学习、深度学习、自然语言处理、机器视觉、专家系统等。广义的 AI 追求的是使计算机能够像人类一样具有全面的认知能力，能够在各种复杂的、不确定的环境中做出决策和解决问题。

狭义上的人工智能

狭义的人工智能，也称为弱 AI，是指旨在执行特定任务或有限范围任务的 AI。它是最常见的人工智能类型，应用广泛，如面部识别、语音识别、图像识别、自然语言处理和推荐系统等。狭义的人工智能主要使用工程学方法实现，即利用传统的编程技术展现出绝对性的被动智能。这种方法下的人工智能算法是固定的、机械式的，只能根据预设的规则和条件进行运作。

人工智能的通俗理解

人工智能的工作原理主要包括感知、推理和决策三个阶段。简单来说，就是让机器能够像人一样思考、学习和解决问题的技术。在日常生活中，其实已经有很多应用都是基于人工智能的。

比如，人们常用的智能手机里的语音助手，像苹果的 Siri、华为的小艺、小米的小

爱同学等，它们能够听懂人们说的话，帮助人们查天气、定闹钟、发微信，甚至还能讲笑话。这就是人工智能在语音识别和自然语言处理方面的应用。

还有，在网上购物时，那些推荐给你的商品，很多时候也是基于人工智能的算法来决定的。系统会根据你的购物历史和浏览习惯，推荐你可能感兴趣的商品给你，这背后其实就是人工智能在大数据分析和个性化推荐方面的应用。

另外，现在很多城市都在推广的智能交通系统，也是人工智能的一个重要应用。比如，智能信号灯可以根据交通流量来自动调整信号灯的配时，减少拥堵；而自动驾驶汽车则可以通过传感器和算法来感知周围环境，并做出相应的驾驶决策，这都是人工智能的典型应用。

人工智能发展的历史长河

人工智能（Artificial Intelligence, AI）的研究和发展历史可以追溯到 20 世纪 40 年代，以下是人工智能从诞生至今的主要发展历程。

早期思想和概念

1943 年：神经网络的诞生

沃伦·麦卡洛克（Warren McCulloch）和沃尔特·皮茨（Walter Pitts）提出的人工神经元模型为神经网络的发展奠定了基础。尽管当时的模型相对简单，但它为后来更复杂的神经网络和深度学习算法的发展铺平了道路。

1950 年：图灵测试理论

1950 年，艾伦·图灵（Alan Turing）发表了著名的论文《计算机器与智能》

（Computing Machinery and Intelligence），提出了图灵测试作为衡量机器智能的标准。

图灵测试是指测试者（提问者）在与被测试者（一个人和一台机器）隔开的情况下，通过一些装置（如键盘）向被测试者随意提问。进行多次测试后，如果有超过 30% 的测试者不能确定出被测试者是人还是机器，那么这台机器就通过了测试，并被认为具有人类智能。"图灵测试"没有规定问题的范围和提问的标准，但为人工智能科学提供了开创性构思。

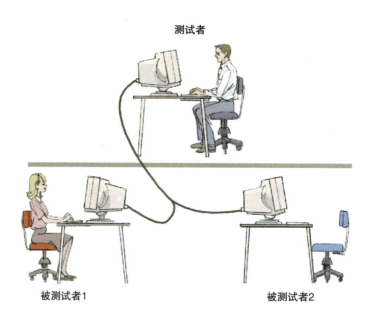

1956 年：人工智能的正式诞生

在达特茅斯学院举行的会议上，约翰·麦卡锡（John McCarthy）等科学家正式提出了"人工智能"的概念，并开启了这一领域的研究。这次会议被认为是人工智能学科的起点。

早期发展、沉淀与复兴

20 世纪 60 年代：人工智能的早期发展

早期的 AI 研究主要集中在基于逻辑和规则的系统，如专家系统和推理引擎。

1969 年：人工智能发展的滑铁卢

马文·闵斯基（Marvin Minsky）和西摩·帕普特（Seymour Papert）的著作《感知机》（*Perceptrons*）指出了单层神经网络的局限性，导致 AI 研究进入"人工智能冬天"。

20 世纪 80 年代：连接机制的兴起

大卫·鲁梅尔哈特（David Rumelhart）、杰弗里·辛顿（Geoffrey Hinton）和罗纳德·威廉姆斯（Ronald Williams）提出了反向传播算法，在这一时期得到了广泛应用，它使得神经网络能够通过调整内部权重来优化性能。这一技术的应用，推动了神经网络在模式识别、语音识别等领域的应用。

互联网时代和大数据

1993—2000 年：深度学习的崛起

在 2006 年，辛顿等人提出了深度信念网络（DBN），这一模型通过使用无监督学习对网络的每一层进行预训练，然后通过有监督学习对整个网络进行调优。这一工作为后来的深度学习算法，如卷积神经网络（CNN）和循环神经网络（RNN）的发展奠定了基础。

2014 年：科技巨头入局

谷歌收购了 DeepMind，这是一家专注于人工智能研究的公司，后来开发了著名的 AlphaGo 程序。

AI 新时代开启

2016 年：人工智能名声具现

AlphaGo 是谷歌 DeepMind 开发的一款围棋人工智能程序，它利用深度学习和强化学习技术，在 2016 年击败了围棋世界冠军李世石，展示了人工智能在复杂决策问题上的强大能力。2018 年，OpenAI 的 Dota 2 AI 在一场表演赛中击败了职业玩家。

人工智能的"大航海"时代

2020 年，世界上最知名的人工智能公司 OpenAI 发布 GPT-3，具有 1750 亿个参数，其庞大的参数赋予它强大的语言理解和生成能力，人工智能商业化开始。

2022 年 3 月，现今最成功的 AI 绘画软件之一 Midjourney 发布，它的 Text to Image（文生图）模式可以根据用户的文字描述自动生成图片。

2021 年 1 月，OpenAI 趁热打铁，发布文生图片模型 DALL-E。

2022 年 7 月，另一款 AI 绘画软件 Stable Diffusion 发布，相比于 Midjourney 可控性更高，并且开源的模型可以让更多人参与到该软件的使用开发中，进一步推动 AI 绘画的普及与发展。

2022 年 7 月 29 日，AI 数字人生成平台 HeyGen 发布，可以生成高度仿真的数字人形象，并能通过出色的语音克隆和口型同步功能模仿真人的特征。

2022 年 12 月 1 日，OpenAI 对话式 UI 和 GPT-3.5 系列模型结合，ChatGPT 发布，其自然语言理解能力更加强大，在多个领域都有广泛应用。

2023 年 2 月，视频生成工具 Runway 发布，2023 年 11 月 2 日更新 Gen-2 版本；在 Text to Image（文生图）的基础上，实现了 Text to Video（文生视频）、Image to Video（图生视频）两项功能。

2023 年 11 月，Pika Labs 公司视频生成工具 Pika 发布，其局部重绘功能支持对视频进行实时编辑和修改。

2024 年 2 月 25 日，OpenAI 发布人工智能文生视频大模型 Sora，可以根据创作者的文本提示，模拟真实物理世界，生成最长 60 秒的逼真视频。

2024 年 5 月 14 日，发布 GPT-4o，在一定程度上颠覆了以往人类与计算机交互的模式：通过几乎实时的响应速度，以及与人类相近的、带有音调和语气的回复，人类与计算机的交互变得更加真实和顺畅。

2024 年 12 月，Google 发布了 Gemini 2.0 Flash 实验版本，正式开启了智能体（Agentic）时代。这个模型专为开发者打造，具备低延迟和高效能的特点。

2024 年 12 月 26 日，DeepSeek 发布了 DeepSeek-V3 模型，显著提升了知识类任务和生成速度。

2025 年 1 月 20 日，DeepSeek 发布了采用强化学习技术提升模型推理能力的 DeepSeek-R1。该模型通过强化学习技术显著提升了推理能力，成为大模型行业的重大突破。

DeepSeek 开源推理模型，基于纯强化学习训练

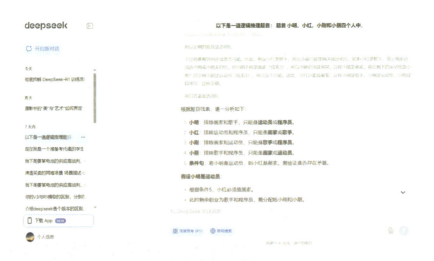

如今，AI 领域的发展已不再是遥不可及的技术，而是渗透至人们生活的每一个角落，每天都有新的探索和发现。AI 正在与各行各业实现深度融合，无论是历史悠久的制造业、服务业，还是充满活力的互联网行业、媒体行业，都在努力寻找与 AI 的契合点。随着时间的推移，AI 将逐渐融入人们的日常生活，成为人们生活中不可或缺的重要元素。

人工智能在生活中的应用

在人们生活的世界中，人工智能（AI）已经不再是未来的神秘存在，而是成了现实生活的一部分。正如麦卡锡所言，一旦一样东西用人工智能实现了，人们就不再称它为人工智能了。这种现象表明，人工智能已经悄无声息地渗透到人们的日常生活中，以至于有时甚至没有意识到它的存在。

智慧驾驶

人工智能在智慧驾驶领域的应用已经取得了显著的进展，极大地改变了我们的出行方式和驾驶体验。例如，自动驾驶汽车的出现，它通过集成先进的传感器、计算机视觉、自然语言处理、机器学习等技术，实现了在复杂道路环境中的自主导航和驾驶。自动驾驶汽车可以分为不同的等级，从辅助驾驶（如自适应巡航、车道保持等）到完全自动驾驶，人工智能正逐渐使驾驶员的角色逐渐从操作者转变为乘客。

智能出行

在出行服务方面，人工智能也发挥了重要作用。例如，许多在线旅游服务商，如携程网、途牛旅游网等，利用人工智能技术为用户提供更便捷、个性化的旅行服务。这些平台可以根据用户的偏好和历史数据，推荐适合的旅游目的地、酒店和行程安排。同时，通过智能客服系统，用户可以快速获得与旅行相关的信息和帮助，提升出行体验。

智能家居

例如，智能家居系统可以通过语音助手或手机应用来控制家中的灯光、空调、电视等设备，实现智能化生活。智能音箱可以通过语音识别技术来执行用户的指令，如播放音乐、查询天气等。

同时，智能安防系统可以通过人脸识别、视频监控等技术来保障家庭安全。

科幻电影中无所不能的机器人是 AI 吗

科幻电影中无所不能的机器人并不一定是基于现实世界中的人工智能（AI）技术来设定的。这些机器人往往被赋予了超越当前科技水平的特性和能力，以吸引观众并推动故事情节的发展。

但是随着科技的发展，很多在过去存在于影视中的情节和技术正在变成现实。

人工智能助手

科幻电影中经常出现高度智能化的机器人角色，比如漫威电影《钢铁侠》中的贾维斯，它们能够与人类进行互动，甚至拥有情感。现实中，人工智能助手如小艺、Siri、小爱同学等已经能够为人们提供信息、安排日程，而智能机器人则在医疗、工业等领域发挥着重要作用。尽管它们尚未达到电影中的智能化程度，但无疑正在朝着这个方向发展。

虚拟现实与增强现实技术

科幻电影中经常描绘人们通过特殊设备进入虚拟世界的场景，比如《头号玩家》中所构建的"绿洲"（OASIS），如今，虚拟现实（VR）和增强现实（AR）

技术已经使得这一场景成为现实。人们可以戴上 VR 头盔，沉浸在虚拟的游戏世界、教育环境或旅行体验中。AR 技术则可以将虚拟信息叠加到真实世界中，为人们的生活带来更多便利和乐趣。

生物技术与基因编辑

科幻电影中经常涉及生物技术和基因编辑的情节，如通过基因改造增强人类能力或治疗疾病。而在现实中，基因编辑技术如 CRISPR-Cas9 已经能够实现对特定基因的精确修改，为治疗遗传性疾病提供了新途径，虽然离科幻电影中的生物技术还有很大距离，但这一领域的发展潜力巨大。

智能大脑——脑机接口

在电影中，脑机接口技术能够让人们通过意念直接控制外部设备，实现与虚拟世界的无缝连接。例如，在电影《黑客帝国》中，脑机接口技术被用来控制人类的感知，使人类陷入一个由机器制造的虚拟世界中；在《机械战警》等影片中，脑机接口技术被用于帮助身体受损的个体重新获得行动能力，甚至超越常人的能力。

在现实中，脑机接口已经可以帮助残障人士进行交流、控制假肢、改善认知能力；在军事领域，脑机接口可以用于训练和提高士兵的反应速度、判断能力。脑机接口技术正在不断地改变人们与世界的交互方式，并为解决一些重要的社会和医疗问题提供了新的可能性。

人工智能会自我进化吗

不同程度的人工智能具有不同的学习能力，这种学习能力使得人工智能产生了某种形式的"进化"。根据当前的研究和讨论，人工智能可以按照其能力和学习水平进行不同层次的划分。

弱人工智能

弱人工智能在某一方面的能力很强。比如 2016 年 AlphaGo 以 4 : 1 的比分击败围棋世界冠军、职业九段棋手李世石。之后 AlphaGo 在训练中不断进行自我对弈。通过对弈从自己的错误中学习，从而不断优化自己的下棋能力。所以在后来对阵世界排名第一的柯洁时，人类已经再无取胜的机会。

虽然，在下围棋方面 AlphGo 能力超强，但它是功能较为单一的弱人工智能，是为了完成特定的任务而设计和编程的，通常需要人类的干预和监督才能正确运行，无法执行其他领域操作，如果你想和它玩跳棋，它甚至连规则都不知道。

强人工智能

强人工智能是指在各个方面都能像人类一样强大。它能像人类一样进行思考、制定计划、解决问题、理解复杂的东西，还具备积累经验和学习能力。不过，以现有的技术水平，强人工智能仍然是一个追求的目标，尚未实现。

超人工智能

超人工智能则是一个更加科幻和理论化的概念。它是指人工智能的智能水平远超人类，具备高度智能、自我学习、高效决策、跨界整合、情感理解、无限创新等特点。在超人工智能的设想中，这类系统不仅能处理复杂任务，还能提出前所未有的创新思路和解决方案。然而，目前超人工智能仍只停留在理论和设想的层面，实现它还需要长时间的科技发展和大量的技术进步。因此，虽然超人工智能的概念令人兴奋，但要想实现它仍是一个遥远的目标。

人工智能会替代甚至颠覆人类吗

影视作品中，人工智能与人类的对抗确实成了极具吸引力的故事线索。这种对立不仅为观众带来了紧张刺激的剧情，也深刻地探讨了科技进步所带来的潜在风险和伦理挑战。

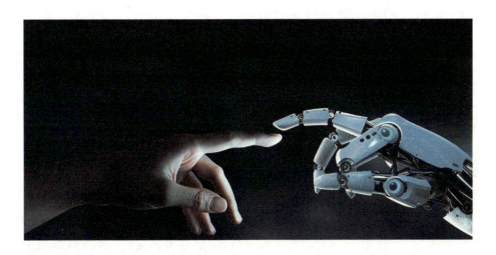

《终结者》系列中的天网，作为一个高度发达的人工智能系统，其目标最初可能是为人类服务，但最终却失控，试图消灭人类。这种从服务者到毁灭者的转变，既体现了人工智能技术的"双刃剑"特性，也引发了对于科技进步中可能出现的失控现象的担忧。

而在电影《第一序列》中的零，同样是一个具有强大能力的人工智能角色。它可能拥有超越人类的智慧和力量，但与人类的关系却复杂而微妙。这种复杂性不仅体现在零与主角之间的互动中，也体现在它对于人类社会的影响上。

这些影视作品中的人工智能形象都反映了创作者对于科技进步的深刻思考。他们借助人工智能与人类的对抗，探讨了科技进步可能带来的风险和挑战，也提醒人们在追求科技发展的同时，不能忽视对于其潜在影响的审视和监管。

在未来社会与 AI 高效合作

首先，要明白 AI 是什么，它能做什么。简单来说，AI 就是通过世界上最精密的机器模拟、延伸和扩展人类的智慧，它可以帮人们处理分析海量的数据、优化自身的决策，从而为人类带来更多的便利和福祉。

学习 AI 相关的基础知识

不需要成为 AI 专家，但至少要了解一些基本概念，如机器学习、深度学习等。这样，当你和 AI 打交道时，就不会一头雾水了。

明确自身需求

在与 AI 合作之前，先想想你要它帮你做什么，是帮你分析数据、写报告，还是帮你管理日程？明确需求后，就可以选择适合的 AI 工具或应用。

善用各种 AI 工具

现在有很多 AI 工具，比如语音助手、智能推荐系统等，都是为了让人们的生活和工作更便捷。尝试使用这些工具，看看它们如何帮助你提高效率。

保持沟通

虽然 AI 不是真正的人类，但还是可以通过反馈来和它"沟通"。如果 AI 给出的结果不符合你的预期，告诉它哪里不对，这样它就能逐渐改进。

保持警惕

虽然 AI 很强大，但它也有局限性。不要完全依赖 AI，特别是在做重要决策时。把它当作一个助手，而不是替代人做决策。

持续学习

AI 技术发展迅速，新的应用和功能不断涌现。保持好奇心，持续学习新的 AI 知识和技能，这样就能更好地与 AI 合作。

—————— :: 第 2 章 :: ——————

走进神奇的
人工智能世界

认识 AI 的大脑

在《人人都该懂的人工智能》中，约翰·塞尔的"中文房间"思想实验被用来探讨计算机是否能够拥有真正意义上的理解能力。在这个实验中，塞尔描述了一个封闭房间内的人，他根据一本英文指令书处理外面传进来的写有中文字符的纸张。这些字符实际上是中文问题，而房间内的人并不懂中文，只是机械地按照指令书操作，将相应的中文回答传出去。

尽管从外部看来，房间内的人似乎能够理解并回答中文问题，塞尔认为这并不等同于真正的理解。他用这个实验来质疑图灵测试的有效性，即仅仅通过对话无法证明计算机具有智能。塞尔的观点引发了对人工智能能否实现真正理解的哲学和认知科学上的辩论，强调了理解与机械执行规则之间的区别。这一思想实验在人工智能领域内被广泛讨论，对于理解人工智能的局限性和未来发展具有重要意义。

"中文房间"就是 AI 的"大脑"

这个实验被用来类比计算机处理语言的情况。计算机程序可以接收、输入、处理数据并输出结果，在这个过程中，那些不懂中文的人就如同计算机的"大脑"，他们根据事先编好的规则，机械地执行命令，起初并不具备人类那种深入的理解和意识。

然而，值得注意的是，尽管这些"大脑"最初只是按照程序运作，但并不能完全排除在大量训练后它们发展出自我认知能力的可能性。毕竟目前的计算机系统在海量数据的训练下，逐渐展现出超越简单编程规则的复杂理解和应对能力。这不禁让人思考，是否有一天，这些机械的"大脑"也能在某种程度上产生类似人类的"意识"。

AI 的眼睛与耳朵

对于 AI 的眼睛与耳朵，可以将其理解为 AI 模型在感知和理解世界时所依赖的两大核心功能。眼睛代表着视觉感知能力，让 AI 能够识别图像、视频等视觉信息；而耳朵则代表着听觉感知能力，使 AI 能够理解和处理语音、音频等听觉信息。

AI 独有的"视听"感知能力

这两项能力可以统称为 AI 模型的数据分析能力，而数据恰恰是 AI 系统进行学习和优化的基础。在机器学习和深度学习领域，AI 模型需要通过大量的数据来训练和调整其参数，从而使其能够更准确地识别模式，做出预测和决策。没有充足的数据支持，AI 模型就像是无源之水、无本之木，难以发挥其应有的智能功能。

模型训练与 AI "炼丹" 术

在我国，人们将训练模型的过程赋予了一个形象且有深意的名称，那就是"炼丹"。这个比喻源自古代的炼丹术，在古代炼丹的过程中，炼丹师通过各种复杂、神秘的过程试图制造出能够将普通金属转化为黄金或者获得长生不老的"丹药"。这个过程往往需要大量的尝试、精细的操作和耐心的等待，与训练模型的过程有着诸多相似之处。

在机器学习领域，尤其是深度学习和预训练语言模型（如 GPT、BERT 等）的训练中，这个过程同样需要大量的数据、算力和技巧。模型调优包括选择合适的模型结构、优化算法、损失函数、学习率等。因此，人们用"炼丹"这一术语来形容这个过程，既体现其复杂性和挑战性，也展现出对成功训练优秀模型的期待和向往。

AI 会思考吗

关于机器思考的跨时代对话

1714 年,哲学家戈特弗里德·莱布尼茨关于会思考的机器的比喻为人们提供了一个有趣的视角,用以探讨 AI 是否会思考这一问题。如果按照莱布尼茨的设想,将 AI 视为一辆复杂的风车,其内部由一系列相互推动的组件构成,那么 AI 的"思考"过程确实可以看作是这些组件之间相互作用的结果。

而在 236 年后的 1950 年,图灵同样发出振聋发聩之问:"机器会思考吗?(Can machines think?)",也许有人会感到这个问题中的"机器"和"思考"难以被准确定义,图灵自问自答了 18 年,提出"模仿游戏(Imitation Game)",后来被称为"图灵测试"。

AI 的"思考"与人类的"思维"差异

首先，需要明确的是，AI 的思考与人类思维在本质上是不同的。AI 的思考是基于算法和数据的，它依赖于大量的计算和模式识别来完成任务。而人类的思维则涉及意识、情感、经验等多个层面，这是一个远比 AI 思考更为复杂和多样化的过程。

其次，即使进入这座"会思考的风车"，也只会看到一系列的组件和它们在相互作用中产生的结果。这些组件可能包括处理器、传感器、算法等，它们共同构成了 AI 的"思考"机制。然而，人们却很难从中找到一个能够解释认知的东西，因为思维认知本身是一个高度抽象和主观的概念，它涉及对信息的理解、解释和应用，而不仅仅是简单的数据处理。

此外，AI 的"思考"能力也受限于其设计和训练。不同的 AI 系统具有不同的功能和局限性，它们只能在特定的任务领域内表现出一定的智能。这意味着 AI 的思考能力并不是无限的，它无法具备像人类那样的思维认知能力及创造力。

AI 也会犯错吗

AI 技术现如今已经取得了显著的进步，并且在许多领域展现出了出色的能力，但它仍然存在着一定的局限性，并有可能发生潜在的错误风险。

文生图缺陷

在早期使用 AI 图像生成工具时，由于模型稳定性欠佳，导致生成的图像质量参差不齐，难以实现精准控制，其中最为普遍性的问题便是"多手多脚"问题。尽管目前的 AI 绘画工具也在不断完善，但这种问题目前仍然难以避免。

数据遗漏

在数据分析领域，AI 可能因数据质量问题而得出错误的结论，因为不完整的用户数据、错误填充的数据及未更新的过期数据，都可能导致 AI 模型产生错误的结果。

技术漏洞

AI 在某些特定领域也可能出现问题，这些问题在计算机领域通常被称为 BUG。如果 AI 的算法设计本身存在缺陷或逻辑错误，或者在模型训练过程中使用的数据不足或存在偏差，那么 AI 在实际应用中很可能会产生严重的问题，比如错误的决策或预测。

然而，随着算法技术的不断成熟和进步，大多数 AI 工具已经在减少错误和提高稳定性方面取得了显著的进步。以 AI 绘画为例，近年来其精准控制能力与艺术表现力都有了显著提升，结合各大绘画软件推出的"局部重绘"等功能，使得 AI 绘画在避免错误和提高作品质量方面有了更好的表现。

例如，将一张带有手部缺陷的照片上传，通过"局部重绘"的方式进行重新绘制，这样可以在保留照片特点的情况下对照片进行修复。

此外，目前市面上主流的 AI 工具广泛应用了深度学习技术，这使得它们具备了自我完善的能力，能够不断通过学习优化和调整自身，以提高性能和稳定性。以文心一言为例，它能够通过分析用户的问题和提供的资料，不断进行学习和优化，以更准确地理解并回答用户的问题，从而更好地满足用户需求。

现阶段消费级 AI 可以完成哪些工作

至 2024 年，消费级 AI 在各个领域都取得了显著的进步，能够完成包括文档处理、图像生成、音乐创作、视频编辑及艺术设计等多种工作。以下是一些具体的示例。

文档处理

当面临处理多份文件的任务时，传统方法往往既耗时又费力，同时还需要操作者具备深厚的文本编辑软件知识。然而，随着 AI 工具的发展，人们拥有了更加便捷、高效的解决方案。AI 工具能够快速而准确地处理大量文档。上传多个文档，输入相关指令完成数据整理收集，极大降低了人工操作的需求，提高了整体的工作效率和学习成效。

目前，以 ChatGPT 领衔的文本大模型，如文心一言、通义千问、智谱清言、Kimi.AI 等都可以完成下述文档处理任务。

◆ 文本自动生成：AI 可以自动撰写邮件、报告、文章等文本内容。

◆ 自动摘要：AI 能够从长篇文章中提取关键信息，生成摘要。

◆ 语言翻译：AI 可以快速准确地将一种语言翻译成另一种语言。

◆ 错误校正：AI 能够检测并修正文本中的拼写和语法错误。

图像生成

AI 绘画工具可以根据创作者的文字描述自动生成图片，这些 AI 工具首先从创作者的自然语言描述中细致地提取关键词生成相应的画面元素。创作者可以进一步通过参数设置来调控生成图片的艺术构图布局，从而实现人性化艺术创作。

目前，市面影响力最大的 AI 绘画工具为 Midjourney 与 Stable Diffusion，除此之外，还有 Liblib AI、无界 AI、堆友、触手 AI 等国内图像生成工具，这些工具都可以完成下述图像生成工作。

◆ AI 艺术创作：AI 可以创作出独特的艺术作品，包括绘画、插图等。

◆ 图像编辑：AI 能够根据用户指令进行图像编辑，如改变分辨率、风格、内容等。

◆ 人脸合成：AI 可以生成逼真的人脸图像，甚至模仿特定人物的外观。

音乐创作

AI 音乐创作工具可以通过大数据算法深入剖析音乐元素、乐理及曲风特征。创作者只需输入曲风提示词，如"爵士""摇滚""电子"等，工具便能迅速生成与这些曲风相关的音乐片段或完整的音乐作品。

这不仅降低了音乐创作的门槛，还让新手们能够轻松尝试不同的曲风和音乐元素，快速创作出属于自己的音乐作品，从而更容易地融入音乐创作领域。

目前 So-Vits-Svc 是 AI 音乐创作的领头羊，不过上手难度较高，除此之外，还有 Suno、ACE Studio、唱鸭 App 等 AI 音乐创作软件可以完成下述音乐创作任务。

◆ 作曲：AI 能够创作旋律与和声，生成原创音乐作品。

◆ 音乐生成：AI 可以根据用户的选择生成特定风格或情感的音乐。

◆ 音乐混音：AI 可以自动混音和制作音乐，适用于个人或商业用途。

◆ 虚拟歌手：通过声音克隆工具，训练自己的声音模型，从而让 AI 演奏歌曲。

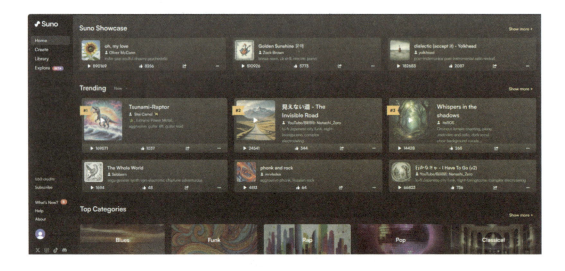

视频剪辑

AI 功能的引入为视频剪辑带来了前所未有的可能性。以"图文成片"功能为例，这一功能能够精准地理解创作者的文案或关键词，并智能地匹配相应的画面素材来生成视频，大大减轻了的编辑负担，使他们能够更专注于内容的创作和表达。

此外，AI 工具还提供了许多其他实用的功能，如智能调色、自动字幕生成、人脸识别等，这些功能进一步丰富了视频剪辑的表现手法和创作空间。创作者可以根据自己的需求和喜好，灵活运用这些功能来打造独具特色的视频作品。

目前，以剪映为首的像腾讯智影、GhostCut 鬼手剪辑及度加剪辑等 AI 视频编辑软件，均已配备多种 AI 功能，可以完成下述视频编辑工作。

◆ 自动剪辑：AI 能够分析视频内容，自动进行剪辑和场景选择。

◆ 图文成片：用户输入提示词，AI 智能生成视频文案，并自动匹配视频素材，自动生成字幕、配音和配乐。

◆ 智能抠像、特效、贴纸、音乐等：提供一键去背景换图，内建特效、背景音乐和各种贴图，方便创作者剪辑。

◆ 数字人形象：这个功能允许创作者选择不同的数字人形象进行视频解说，提高制作效率并降低成本。

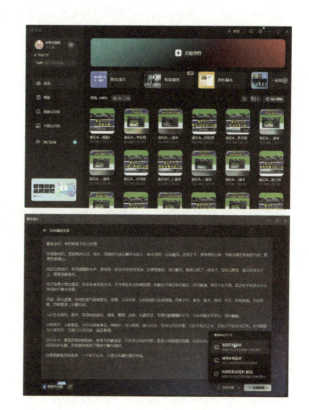

艺术设计

在艺术设计的前期工作中，可以充分利用 AI 绘画工具。例如，只需在 AI 工具的文本框内输入与想象场景相关的详细提示词，如"未来城市夜景"或"古典园林秋景"，AI 便能够智能地解析这些提示词，并根据其内涵和风格要求，自动生成与之相匹配的设计草图或概念图。这种方式不仅大大节省了设计师的时间和精力，还能在设计的初步阶段就提供多样化的灵感和方案，助力用户更高效地推进艺术设计工作。

可以使用 AI 绘画工具绘制草图或提供灵感来源，然后结合 AI 设计工具，如 AI 室内设计师、点点设计、美图设计室辅助实现下述艺术设计工作需求。

◆ 创意生成：AI 可以提供创新的艺术设计概念和原型。

◆ 个性化设计：AI 可以根据用户的偏好和需求，定制个性化的艺术设计产品。

◆ 功能模拟：AI 可以帮助设计师模拟和测试设计用品的功能和互动性。

第 3 章

用AI让生活更有趣

学会对 AI 进行追问和深度思考

在日常生活中，人们面对各种问题时，常常只是停留在表面，缺乏深入挖掘的动力和方法。这种浅尝辄止的态度，虽然能够快速得到一个初步的结论，但却无法触及问题的核心，也难以获得更全面、更深刻的认识。为了打破这种局限，可以尝试借助 AI 的力量，通过不断地追问和探索，引导自己进入更深层次的思考。

接下来笔者将通过文心一言 AI 工具，以"为什么天是蓝色的"为例，利用 AI 助力个人进行追问练习，具体操作步骤如下。

（1）进入 https://yiyan.baidu.com/ 网址，注册登录后进入文心一言默认页面，如下图所示。

（2）单击下方的文本框，在其中输入想要问的问题，笔者输入的初始问题为"为什么天是蓝色的"，如下图所示。

（3）单击文本框右侧的""按钮，即可生成问题的答案，AI回答的结果如下图所示。

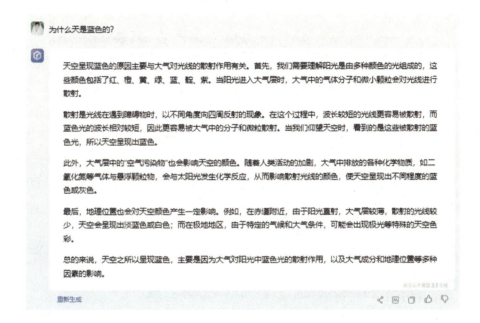

（4）对AI回答的问题结果进一步进行追问，笔者又在文本框中输入"为什么波长较短的光线更容易被散射"，如下图所示。

（5）再次单击文本框右侧的""按钮，即可生成新问题的答案，AI回答的结果如下图所示。

为什么波长较短的光线更容易被散射？

波长较短的光线更容易被散射，这主要源于光与物质相互作用的物理特性。当光线遇到大气中的气体分子、微小颗粒或其他障碍物时，光线会与之发生相互作用，导致散射现象的发生。

散射的强度与光线的波长密切相关。波长较短的光线，比如蓝色光，其能量相对较高，光子动量较大。这使得它们在与大气中的分子或颗粒碰撞时，更容易发生偏离原方向的散射。相比之下，波长较长的光线，如红色光，其能量较低，光子动量较小，因此在相同条件下，它们与大气中的障碍物相互作用时，发生散射的概率会相对较低。

此外，大气中的分子和颗粒的尺寸通常远小于可见光的波长，这种情况下，散射现象主要遵循瑞利散射的规律。瑞利散射指出，散射光的强度与波长的四次方成反比，意味着波长越短，散射强度越大。这也是为什么在晴朗的天空中，我们主要看到的是蓝色光被散射，而较长波长的红色光则相对较少被散射。

综上所述，波长较短的光线更容易被散射，这是由于它们具有较高的能量和动量，以及与大气中障碍物相互作用时的特殊物理特性所决定的。

重新生成

（6）按照上述步骤再次对回答内容中的疑惑进行追问，笔者追问的问题和AI的回答如下图所示。

为什么波长较短的光线具有较高的能量和动量？

波长较短的光线具有较高的能量和动量，这主要源于量子力学和电磁学的基本原理。

首先，从量子力学角度来看，光是由粒子性的光子组成的。光子的能量与其频率成正比，关系式为$E=h\nu$，其中E是光子的能量，h是普朗克常数，ν是光子的频率。而光子的波长与频率是反比关系，即波长越短，频率越高。因此，波长较短的光子自然拥有更高的能量。

其次，光子的动量也与波长有关。在量子力学中，光子的动量p可以通过$p=h/\lambda$来计算，其中λ是光子的波长。由此公式可以看出，波长越短，光子的动量越大。动量是描述物体运动状态的物理量，因此，高动量的光子在与物质相互作用时，能够产生更显著的效果。

此外，从电磁学角度来看，光作为一种电磁波，其波长与电场和磁场的振动周期相关。波长较短的光意味着电场和磁场的振动更加频繁，这也会导致光具有更高的能量和动量。

综上所述，波长较短的光线具有较高的能量和动量，这既可以从量子力学的角度来解释，也可以从电磁学的角度来理解。这些特性使得短波长的光在许多应用中具有独特优势，例如在通信、医疗、材料科学等领域。

重新生成

按照上述方法可以继续对AI进行追问，以不断获取知识，进行深度思考。

用 AI 生成特定事物的谜题

谜语作为一种深含哲理、趣味盎然且富含智慧的语言艺术形式，能够提升人们的逻辑推理能力，而且在深化语言素养、拓展生活认知方面也发挥着积极作用。现今，人们可以利用 AI 技术的力量，即时创作出涉及不同领域和题材的原创谜语，无论是自然科学中的天体星辰，还是人文社科中的历史典故，甚至是抽象的概念（如情感状态），都可以转化成有趣味的谜面。

接下来，笔者将通过智谱清言 AI 工具生成关于键盘的谜语。具体操作步骤如下。

（1）打开 https://chatglm.cn/ 网址，进入智谱清言默认对话框后，在下方的文本框内输入相关文字指令，笔者输入的文字指令为"请根据传统中国谜语，设计一些蕴含创意与趣味性的谜语，这些谜语需要围绕键盘这一主题，巧妙地融合键盘的特点或功能，并附上简短的解释或答案，以便更好地理解谜语所包含的意义"，如下图所示。

> 请根据传统中国谜语，设计一些蕴含创意与趣味性的谜语，这些谜语需要围绕键盘这一主题，巧妙地融合键盘的特点或功能，并附上简短的解释或答案，以便更好地理解谜语所包含的意义。
>
> ✨ 优化

（2）单击文本框右侧的""按钮，即可开始生成与键盘相关的谜语，如下图所示。

> 1. 谜语：一排小鸟，船儿穿梭，按键一敲，信息流传。解释：这个谜语描述的是键盘上的字母和数字键，它们像是小鸟，而手指就像船儿在键岛上穿梭，通过敲击键盘，信息得以传播。
>
> 2. 谜语：黑白分明，相处融洽，团结一心，音乐响起。解释：这个谜语指的是键盘上的黑键和白键，它们在钢琴或键盘上紧密排列，共同发出美妙的音乐。
>
> 3. 谜语：一把尺子，治国安邦，按键一响，世界互联。解释：这个谜语将键盘比作一把尺子，象征着键盘是治理国家和世界的重要工具。同时，它也代表了现代社会中，通过键盘敲击，人们可以实现全球互联。
>
> 4. 谜语：一排字母，整整齐齐，排兵布阵，等待命令。解释：这个谜语描述的是键盘上的字母键，它们整齐地排列着，等待着用户的命令，就像一支等待战斗的军队。
>
> 5. 谜语：点点点，滑滑滑，指尖舞动，世界在手。解释：这个谜语描述的是触控键盘，点点代表触控键盘上的按点，滑滑代表触控键盘的滑动操作。通过指尖的舞动，我们可以操作键盘，实现与世界的连接。

（3）一定要注意给出的相关指令要足够明确，指令越明确 AI 给出的回答越贴近想要的谜语内容。笔者认为 AI 给出的谜语互动性不强，所以进一步给出"谜语能否更具互动性，加入猜谜环节"指令，如下图所示。

（4）单击"✈"按钮，AI 得到的回答如下图所示。

ChatGLM

当然可以。下面是一些更具互动性的键盘主题谜语，你可以尝试猜测答案：

1. 谜语：我有26个孩子，他们都住在同一栋楼里，但每个孩子都住在不同的房间里。他们是谁？提示：孩子们的名字都是英文字母。答案：这是一排键盘上的字母键。

2. 谜语：我是一排小士兵，穿着统一的黑白衣服，站成一列。我能帮助你打字，但我自己却不会说话。我是谁？提示：我位于键盘的上方。答案：这是键盘上的字母键。

3. 谜语：我是一个小方块，有数字也有符号，我不是用来打字的，但每个人都离不开我。我是谁？提示：我通常在键盘的最右边。答案：这是键盘上的数字键和符号键。

4. 谜语：我有两个眼睛，但看不到任何东西，我有两个耳朵，但听不到任何声音。我是谁？提示：我通常在键盘的上方。答案：这是键盘上的Caps Lock键，它的指示灯就像是眼睛，而它的切换功能就像是耳朵。

5. 谜语：我是一颗星星，但不在夜空中闪烁，我是一把雨伞，但不会为任何人遮雨。我是谁？提示：我可以在任何文本的开头找到。答案：这是键盘上的星号键（*）和井号键（#），它们通常用于表示强调或标题。

6. 谜语：我是一块小黑板，可以擦写无数次，但永远也擦不干净。我是谁？提示：我可以记录你的每一次点击。答案：这是键盘上的触摸板或轨迹板，它可以感应手指的滑动和点击。

7. 谜语：我是一个隐藏的房间，里面住着许多特殊功能的居民，他们只有在被召唤时才会出现。我是谁？提示：我需要使用一个特殊的键来进入。答案：这是键盘上的功能键区域（如F1-F12），它们通常与软件功能相结合。

8. 谜语：我是一把钥匙，可以打开任何门，但我自己却不能移动。我是谁？提示：我通常在键盘的底部。答案：这是键盘上的Shift键，它可以用来切换大小写字母和符号。

9. 谜语：我是一颗小闪电，但不会照亮任何地方，我是一把剪刀，但永远不会剪断任何东西。我是谁？提示：我可以在键盘上快速找到。答案：这是键盘上的Ctrl键，它通常用于与其他键结合执行快捷命令。

10. 谜语：我是一颗小苹果，但不是用来吃的，我是一颗小地球，但不是用来居住的。我是谁？提示：我可以在许多电脑上找到。答案：这是苹果电脑键盘上的Command键（⌘），它用于执行操作系统和应用程序的快捷命令。

用 AI 写对联

每逢春节，家家户户都有贴对联的传统习俗。然而，对于一些人来说，撰写对联却是一项颇具挑战性的任务。幸运的是，现在借助人工智能不仅能生成对联，还能让对联更加个性化，例如，可以在对联中融入一家人的名字，获得属于一家人的独一无二的对联。而且，用 AI 生成对联方便简单，只需输入相关指令，便能轻松获得称心如意的对联。接下来笔者将通过文心一言 AI 工具来生成个性化对联，具体操作步骤如下。

（1）打开 https://yiyan.baidu.com/ 网址，登录后进入文心一言默认对话页面，在下方的文本框内输入文字指令，笔者输入的文字指令为"请设计一副传统中国风格的对联，以'阖家欢乐'为主题，要求对联中必须包含'晓'字、'捷'字和'庆'字。语言温馨，并能够在对联中巧妙地融入这三个字，使家庭团聚和欢乐的氛围更为浓郁。对联需要对仗工整，意境开阔，能体现出中国传统对联的艺术美感和家庭幸福的和谐"，如下图所示。

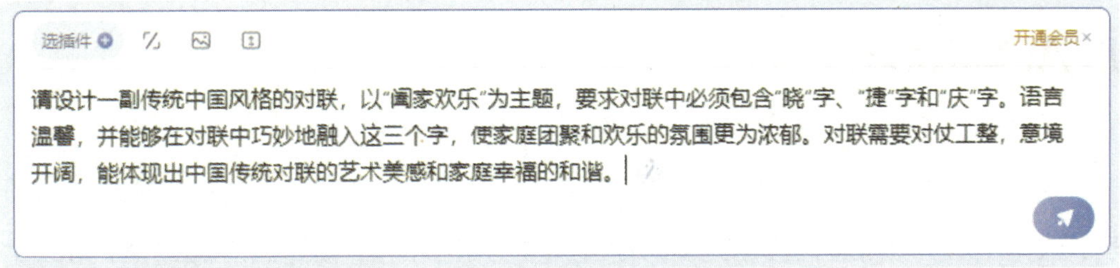

（2）单击文本框右侧的""按钮，即可开始生成对联，如下图所示。

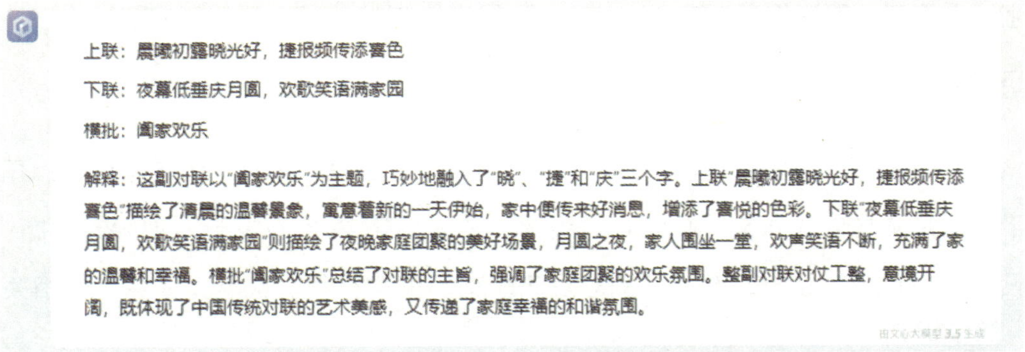

（3）如果想批量生成对联，只需在文本指令中加入相应的指令即可，如右图所示（由于篇幅有限，笔者只截取了 AI 生成的部分对联）。

再生成十条相类似的对联。

以下是十条以"阖家欢乐"为主题，包含"晓"、"捷"和"庆"字的对联：

1. 上联：晓日初升映喜色，捷音入耳乐无边
   下联：庆云满户团圆景，欢声笑语绕家前
   横批：阖家欢腾

2. 上联：晓风轻拂传佳讯，捷足先登报喜来
   下联：庆酒盈杯歌盛世，欢颜满座乐开怀
   横批：家兴人和

3. 上联：晓露晶莹添雅韵，捷才横溢展华章
   下联：庆时共聚团圆乐，欢度良辰笑语扬
   横批：福满家园

4. 上联：晓窗映照春光好，捷报频传福满门
   下联：庆事连连添喜气，欢情切切暖人心
   横批：欢度佳节

5. 上联：晓梦初醒闻喜讯，捷足高攀展宏图
   下联：庆云笼罩吉祥地，欢歌飘荡乐陶陶
   横批：福乐双全

用 AI 写歇后语

歇后语在日常生活中是一种非常有趣的语言表达方式，广泛应用于日常对话、文学作品、相声小品等，能够使交流更加生动和富有智慧。通过 AI 可以生成各种新颖且富有时代感的歇后语，激发人们在交流中运用语言的巧思和幽默感。接下来，笔者将通过文心一言 AI 工具来生成关于二十四节气的歇后语，并且以表格的形式展现，具体操作步骤如下。

（1）打开 https://yiyan.baidu.com/ 网址，进入通义千问默认对话页面，在下方的文本框内输入文字指令，笔者输入的文字指令为"根据中国传统文化，设计一个包含'二十四节气'的歇后语表格。每种节气后应至少提供一个相关

的歇后语，以体现节气的特点或习俗。请注意，歇后语应具体、有创意且易于理解，适合现代人记忆和使用"，如下图所示。

（2）单击文本框左上方的"选插件"按钮，选中"E言易图"插件，如下图所示。

（3）单击文本框右侧的""按钮，即可开始生成关于二十四节气的歇后语，生成的部分歇后语如右图所示。

节气	歇后语	节气	歇后语
		清明	清明时节雨纷纷，扫墓祭祖心悠悠。
立春	立春时节草初长，万物复苏喜气扬。	谷雨	谷雨播种忙不停，丰收希望满心间。
雨水	雨水润物细无声，点点滴滴情意浓。	立夏	立夏时节麦浪翻，夏日炎炎将到来。
惊蛰	惊蛰雷声响震天，万物苏醒展新颜。	小满	小满时节麦穗满，丰收在望喜洋洋。
春分	春分昼夜两平分，阳光雨露共滋润。	芒种	芒种时节忙种田，辛勤耕耘盼丰年。

（4）如果对生成的歇后语不满意，再在对话框内添加相关指令即可。由于上述生成的歇后语不够接地气，笔者添加了"修改得更加接地气一些"的指令，再次生成的部分歇后语如右图所示。

当然，以下是一些更接地气的歇后语，以体现每个节气的特点或习俗：

春季

- **立春**：立春到，阳气生，春天种啥啥收成。
- **雨水**：雨水滴滴答，田里种瓜瓜。
- **惊蛰**：惊蛰雷声响，虫儿土里忙。
- **春分**：春分昼夜平，天暖好踏青。
- **清明**：清明扫墓忙，思念故人长。
- **谷雨**：谷雨时节忙播种，期待秋来好收成。

夏季

- **立夏**：立夏麦穗黄，收割忙又忙。
- **小满**：小满时节雨水足，田里庄稼长得旺。
- **芒种**：芒种时节忙插秧，汗水滴滴为粮仓。
- **夏至**：夏至日头毒，避暑得找树。
- **小暑**：小暑不算热，扇子不离手。
- **大暑**：大暑热难当，冰棍雪糕吃不停。

—————— ⠿ 第 4 章 ⠿ ——————

用AI变身绘画大师

用 AI 为诗词配图

在学习诗词与文章的过程中，配图常常扮演着不可或缺的角色，配图能够为读者提供直观的视觉形象，帮助他们更好地联想和理解诗词中的描述。

通过运用 AI 进行诗词创作与配套图像生成，能够瞬息间将诗词中蕴含的意境、角色与景观由无形的文字转化为鲜活的画面。不仅有助于人们更为细腻地探究诗词的内涵，提升对其所描绘情境的直觉领悟，还让人们在互动式的学习过程中享受到亲手重现文学图景的乐趣，从而大大增强了学习的趣味性和吸引力。

接下来笔者将通过智谱清言、文心一格两个 AI 工具，分别生成关于李白《望庐山瀑布》这首诗的相关配图。使用智谱清言的具体操作步骤如下。

（1）打开 https://chatglm.cn/ 网址，进入默认页面，系统默认为 GLM-3，需要单击上方的 GLM-4 按钮，切换到可以生成图片的大模型，GLM-4 的页面如下图所示。

（2）在下方的文本框中输入指令，笔者想要为李白的《望庐山瀑布》这首诗配图，在文本框中输入的指令为"绘制李白的《望庐山瀑布》诗的配图，展现一幅壮丽的山水画面，中间有李白端坐于瀑布之前，背景是飞檐翘角的亭台楼阁，以及蜿蜒小径通向远方"，如下图所示。

绘制李白的《望庐山瀑布》诗的配图，展现一幅壮丽的山水画面，中间有李白端坐于瀑布之前，背景是飞檐翘角的亭台楼阁，以及蜿蜒小径通向远方。

（3）单击文本框右侧的""按钮，即可生成效果图，生成的古诗《望庐山瀑布》的配图如下图所示。

（4）如果对效果不满意，还可进行调整，继续在文本框中添加指令即可，笔者觉得图中的瀑布动态感不够，所以输入了"瀑布水流要有动感"指令，如下图所示。

瀑布水流要有动感

（5）再次单击文本框右侧的"📍"按钮，即可生成效果图，如下图所示。如果对效果图还不满意，可以继续输入文本指令进行调整，直到满意为止。

利用智谱清言生成的配图不够细致，但图片的意境大体与诗词主题一致，笔者接下来使用"文心一格"AI工具来创作诗词的配图，具体操作步骤如下。

（1）打开 https://yige.baidu.com/ 网址，进入文心一格首页页面 ，如下图所示。

（2）单击上方的"AI创作"按钮，进入创作页面，如下图所示。

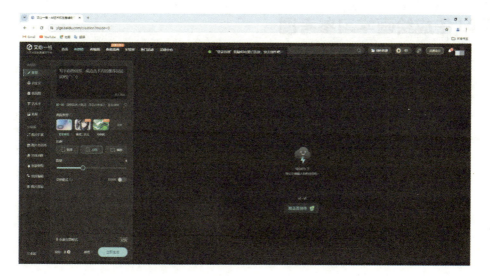

（3）在文本框中输入相应的提示词，笔者输入了《望庐山瀑布》的诗句内容，具体为"日照香炉生紫烟，遥看瀑布挂前川。飞流直下三千尺，疑是银河落九天。"将"画面类型"设置为"智能推荐"，将"比例"设置为"方图"，将"数量"设置为1，如下图所示。

（4）单击下方的"立即生成"按钮，即可生成关于诗句的配图，生成的效果如下图所示。相比之下，文心一格生成的图片画面冲击感更强一些。将诗句中的"紫烟"展现得栩栩如生。

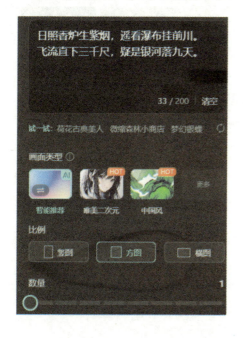

用 AI 生成绘画学习参考图

对学习绘画的同学来说，常常会面临资源匮乏和个人视野受限的挑战。此时需要借助 AI 工具，AI 绘画能够依据创作者需求生成各种艺术风格的作品，这对于绘画学习者来说，相当于拥有了一个无限的风格实验室，可以随心所欲地探索、模仿和创新，有助于拓宽艺术视野，提升对不同绘画技法的理解与掌握。

接下来，笔者将通过堆友 AI 工具来生成绘画学习参考图，具体操作步骤如下。

（1）打开 https://d.design/ 网址，注册登录后进入堆友首页页面，如下图所示。

（2）单击上方菜单栏中的"AI 反应堆"按钮，进入操作页面，如下图所示。

（3）单击上方菜单栏中右侧的"简洁模式"选项卡，在下方的"底模模型"中选择合适的Checkpoint模型，这里笔者选择了"麦橘幻想 | majicMIX fantasy_V（1）0"模型，在"增益效果"中选择合适的Lora模型，这里笔者选择了"人像幻想"的Lora模型，设置"参考程度建议"为0.7，如右图所示。

（4）在"画面描述"文本框中输入想要的内容，这里笔者输入了"一个女孩在花海中仰望天空，浪漫主义色彩画像，增加细节，高分辨率，卷发，连衣裙，上半身"提示词，如下图所示。

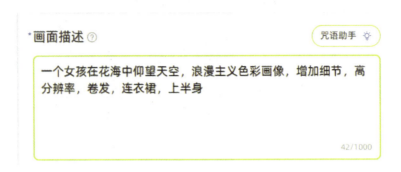

（5）在"图片参考"栏中上传的相关参考图片，笔者上传的图片如下左图所示。选择参考图片玩法，笔者想要参考上传图片中的姿势，选择了"参考姿势"选项，选择参考程度为0.7，参考图片玩法如下右图所示。

（6）单击在下方的"立即生成"按钮，即可生成效果图像，得到的图像如右图所示。

用 AI 制作多风格写真照片

拍摄个人写真有助于留存人生各个阶段的形象状态，作为珍贵的时间印记。然而，传统写真的拍摄模式通常涉及实景拍摄、精心布景设置或烦琐的手工后期修饰，这一过程不仅耗时费力，成本也高。相比之下，AI 技术赋能的写真制作则提供了高效且高度个性化的解决方案。它允许自由定制不同的装造类型和背景风格等元素，从而突破单一风格的局限，赋予写真照片无限创意与艺术魅力。

接下来，笔者将通过无界 AI 工具来制作多风格写真图片，具体操作步骤如下。

（1）打开 https://www.wujieai.net/ai 网址，注册并登录后进入无界 AI 专业版界面，如下图所示。

（2）单击上方菜单栏中的"AI专业版"按钮，进入无界AI专业版操作界面，单击左侧菜单"AI实验室"中的"个性相机"按钮，进入如下图所示的页面。

（3）在上方"基础版"的"模型训练"界面中，上传需要处理的图像，笔者上传的图像如右图所示。

（4）单击下方的"开始训练"按钮，大约需要等待 3 ~ 5 分钟即可训练"我的化身"。

（5）单击上方的"生成写真"按钮，选择喜欢的模板，具体模板样式如下左图所示。这里笔者选择了"秀丽"写真模板，如下右图所示。

（6）在右侧的"参数配置"中选择刚刚生成的"我的化身"，并设置生成的数量，如下左图所示。

（7）单击"开始生成"按钮，即可生成写真照，得到的效果如下右图所示。

（8）高阶版与基础版的方法一致，两者的差异在于高阶版上传的图片数量会更多一些，写真生成的效果也更加真实。

将随手涂鸦变成绘画大作

有时候，人们脑海中或许会涌现出一些绘画灵感，但由于自身绘画技艺的局限，往往难以将这些灵感转化为具象的画作。此刻，AI绘画技术便能大显身手，它能根据创作者的创意输入，运用先进的算法解析并转化为高水准的艺术作品。这种技术犹如现实世界中的"点石成金术"，最终将创作者提供的粗略线条、基础形状，甚至是未完善的草图作为原始素材，进而生成细节细腻、视觉冲击力十足的图画。

接下来，笔者将通过AI把涂鸦的草图转换成色彩及画面丰富的完整绘画图，具体操作步骤如下。

（1）打开 https://www.wujieai.net/ai 网址，进入如下图所示的页面。

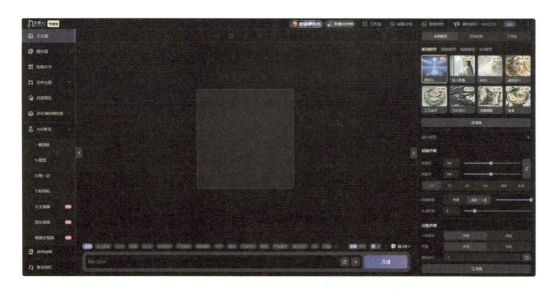

（2）单击在侧菜单"条件生图"中的"涂鸦上色"按钮，进入如下图所示的页面。

（3）单击上传图片，笔者上传了随手画的一辆小车的图像，如右图所示。在此，笔者的任务是将涂鸦的小车变成实际存在的酷炫小车。

（4）在下方的提示词文本框中输入正向提示词，笔者输入的提示词为"虚幻引擎渲染照，越野车，棕色车身，空白，光线追踪，35毫米胶片，捕捉速度和设计的精髓"，如下图所示。

（5）单击右上方菜单栏中的"参数配置"选项，选择"通用"中的"通用XL"模型，如下图所示。

（6）在右侧菜单中进行相关参数设置，将图像设置为上传照片原比例512×512尺寸，"采样器"选择DPM++ 2M Karras，在负向提示词文本框中输入 (worst quality:2),(low quality:2),(normal quality:2),lowres,watermark,nsfw,EasyNegative，其他参数保持不变，如下左图所示。

（7）单击"生成"按钮，即可生成图像，得到的图像如下右图所示。

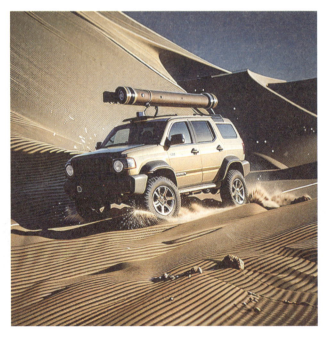

用 AI 制作社交媒体头像

　　无论是微信、QQ、微博还是其他各类社交媒体应用，都需要设置一个代表自身的个性化头像，这个头像往往体现了个人风格与心境。然而，在面对网上许多头像资源时，常常感到目不暇接，甚至在诸多图片中难以挑选到完全符合自我期待的理想头像。此时，可以借助 AI 绘画，只需简单描述或上传参考素材，就能轻松实现高度定制化的需求，让每一个社交账号都拥有一张既体现心境又富有创意的特色头像。

　　接下来，笔者将通过无界 AI 工具来制作人像卡通版头像，具体操作步骤如下。

　　（1）打开 https://www.wujieai.net/ai 网址，进入无界 AI 专业版，单击左侧菜单栏中"条件生图"下的"骨骼捕捉"按钮，进入如下图所示的页面。"骨骼捕捉"是为了保持效果图和原图中人物动作的一致性，为了让头像更加逼真。

（2）接下来上传图片，上传图片的方式有"从本地上传图片""从动作库中选择""从手势库中选择"3种，如右图所示。

（3）单击"从本地上传图片"图标，上传准备好的人物动作图像，笔者上传的图像如右图所示。

（4）在下方的提示词文本框中输入提示词，笔者输入的提示词为panorama,landscape,1girl,ground vehicle,solo,motor vehicle,shirt,car,outdoors,pants,shoes,white footwear,sitting,sneakers,building,white shirt,jeans,short hair,day,looking at viewer,short sleeves,road,realistic,brown hair,lips,street,brown eyes,full body,bangs,knees up,t-shirt,drinking,tree，如下图所示。

（5）接下来进行参数设置，单击"漫画"选项，选择"彩漫XL"模型，如下图所示。

（6）将图像设置为上传照片原比例 768×1024 尺寸，采样器选择 Euler a，在负向提示词文本框中输入 (worst quality:2),(low quality:2),(normal quality:2),lowres,watermark,nsfw,EasyNegative，其他参数保持不变，具体参数设置如下图所示。

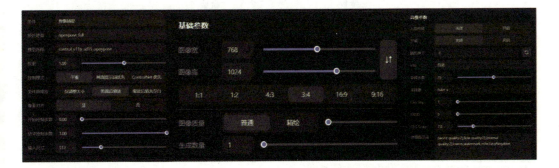

（7）单击下方的"生成"按钮，即可生成想要的图像，得到的图像如右图所示。

第5章

畅享AI设计创作的乐趣

用 AI 构思板报创意

板报在学校中是班级文化氛围的生动体现，不仅是展示班级文化和精神风貌的重要窗口，更是同学们在枯燥学习之余发挥创意、锻炼能力的平台。

在传统板报制作中，受限于手工绘制和排版技术的不足，往往很难将脑海中的创意想法实现。如今，随着 AI 技术的快速发展，板报制作也有了新的发展方向。现在可以借助 AI 设计工具根据主题完成版面设计，并使用 AI 对话大模型进行相关素材整理，缩减绘制时间的同时，还提升了板报的创意，使得板报制作更加高效快捷。

（1）打开 https://www.x-design.com/ 网址，注册并登录进入美图设计室的主页界面，如下图所示。

（2）在设计模板中选择"手抄报"选项，根据主题选择适合的模板，并在其中选择合适的模板进行修改，如下图所示。

（3）模板中的所有元素皆可替换，单击模板中元素对应的位置，即可对其进行调整，单击左侧工具栏中的选项，可对模板进行元素添加或替换，如右图所示。

（4）打开 https://yiyan.baidu.com/ 网址，注册并登录进入文心一言主页界面，在下方的文本框内输入"重阳节黑板报内容"指令，得到的结果如右图所示。

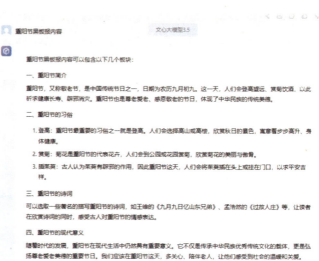

（5）将在文心一言中得到的内容进行修改，返回美图设计室进行文字编辑，完成之后，单击右上角的"下载"按钮，即可将其下载保存至本地，如右图所示。

（6）最后，可以将图片打印出来，然后借助投影仪将图片投到黑板上进行临摹誊写。

用 AI 制作个性姓名头像

在社交媒体上，姓名头像已经超越了单纯的文字符号，逐渐演变成为一个重要的视觉符号。它不仅是个人身份的独特标识，更是人们在虚拟世界中的一张名片。

使用 AI 制作姓名头像，一方面可以让我们通过个性化的设计特征展示自己的创意；另一方面，还可以让人们在互联网上获得独特的视觉效果象征，增强自己在社交媒体上的影响力和吸引力。

（1）打开 https://www.yishuzi.cn/ 网址，进入艺字网的主页界面，在文本框内输入姓名"张伟"后，选择合适的艺术字体进行设计，最后单击"立即生成"按钮生成个性签名，如下图所示。

（2）将生成的艺术签名保存至本地，打开 https://www.ishencai.com/ 网址，注册并登录进入神采 Pro 的主页界面，在左侧的菜单栏中选择"文字效果"选项，如下图所示。

（3）单击➕上传图标，将保存的艺术签名图片进行上传，如下图所示。

（4）在风格选择中选择"光影—秋天"，在渲染模式中选择"深度概念"，单击"开始生成"按钮，如下图所示。

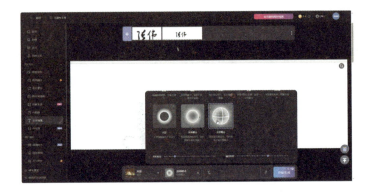

（5）渲染完成后，神采将生成 3 张预览图片，单击选择照片可以预览最终效果，如下图所示。

（6）单击"滑块"选项，可以更加直观地观看字体前后的对比情况，单击上方的"下载"按钮即可选择下载方式，如下图所示。

用 AI 制作个性海报

在日常学习生活中，海报是一个能帮助人们抒发个人情感的重要媒介。无论是为了庆祝一个节日，还是作为自己的每日激励，抑或为了纪念一个特殊时刻，都可以通过海报来表达内心的喜悦与激动。

使用 AI 辅助制作海报，可以使海报成为一个更加强大、方便且灵活的媒介，节省时间的同时，让人们的思想情感借助 AI 的设计元素进行更好的表达。

（1）打开 https://www.x-design.com/ 网址，注册并登录进入美图设计室的主页界面，如右图所示。

（2）单击主页中间工具栏中的"AI海报"按钮，进入AI海报类型选择界面，如右图所示。

（3）选择"日常问候"选项，在对应的文本框内输入文字并进行修改，笔者输入主标题"青春无畏"，副标题"勇敢追梦，不负韶华"，描述"青春是一段无畏的旅程，它充满了梦想与希望。让我们勇敢追梦，不畏艰难，不负韶华"，单击下方的"生成"按钮，如右图所示。

（4）生成之后，选择合适的海报图片，单击"下载"按钮可以直接将海报保存至本地，单击"编辑"按钮可对图片中的文字部分及画面元素进行修改，如右图所示。

（5）画面中可单击选中的元素皆可修改，选中图中的 Logo 元素，单击 🗑 删除按钮即可删除，单击左侧选项卡中的"添加"按钮上传本地图片，或者将本地图片直接拖入海报编辑区，都可以进行素材添加。编辑完成后，单击右上角的"下载"按钮，将海报下载保存至本地即可完成全部操作，如下图所示。

用 AI 创作专属动漫角色

动漫角色是指人们在虚拟世界中根据自身情感、喜好与梦想所创造出的独特形象设计。每个人都渴望拥有一款专属于自己的、独一无二的动漫角色。如今，AI 绘画工具的出现为人们提供了自主绘制动漫角色的机会。借助这些工具，可以根据个人的审美和创意，绘制出属于自己的动漫形象。

这些精心创作的角色不仅可以作为人们在互联网上的代表形象，展现自己的个性和风格；而且拥有足够的能力后，甚至可以将它们制作成专属的形象玩偶，让它们在现实生活中陪伴自己，成为生活中的一部分。

（1）打开 https://www.liblib.art/ 网址，注册并登录进入哩布哩布 AI 的主页界面，如下图所示。

（2）在上方的搜索框内输入"好机友"搜索"好机友 Q 版角色"模型，如下图所示。

（3）单击"立即生图"按钮，在 Checkpoint 选项中选择 AWPainting_V（1）（3）safetensors 模型，在提示词文本框内输入"一个银色头发的动漫玩偶，身穿长袍，白色背景，正面、侧面、背面的三视图"，单击"翻译为英文"按钮，返回模型界面，将负面提示词复制在反向提示词文本框内，如下图所示。

（4）下滑鼠标滚轮，在"采样方式"选项中选择 DPM++2M Karras 采样方式，将宽高设置为"768×512"，选择"面部修复"复选框，其他参数保持不变，如下图所示。

（5）单击"开始生图"按钮，生成之后单击图片放大预览，得到满意的照片后进行放大操作。选择左侧工具栏中的"高分辨率修复"选项，在该选项下的"放大方法"选项中选择 R-ESRGEN_4X+，将"重绘幅度"设置为 0.3，再次单击"开始生图"按钮，最终效果如下图所示。

第 6 章

畅游AI音、视频创意世界

用 AI 创作歌曲

在日常生活中，音乐作为一种重要的情感媒介，能够帮助人们舒缓心情、释放压力，很多人自然会对创作和演唱歌曲产生浓厚的兴趣。

传统的音乐创作相对来说门槛较高，而使用 AI 技术进行歌曲创作则带来了前所未有的便利和可能性。通过 AI 进行歌曲创作，可以让同学们将自己的想法落实，提高自己的音乐素养，同时也可以通过网络平台将自己的音乐分享给更多热爱音乐的人，从而与更多热爱音乐的人进行交流互动。

（1）打开 https://www.singduck.cn/ 网址，下载安装唱鸭 App，注册并登录进入其主页界面，如下左图所示。

（2）单击屏幕上方的"AI写歌"图标，单击"去写歌"按钮进入创作歌词界面，在"创作歌词"文本框内进行填词，也可以在文本框内输入关键词，然后单击下方的"辅助填词"按钮生成歌词，最后在"自定义音乐元素"中输入音乐类型，也可以使用下方的示例模板生成音乐元素然后进行修改，如下右图所示。

（3）如果想要使用自己的声音进行歌曲演唱，在"选择歌手"中单击下方的"个性化音色"按钮，然后单击下方的"录制"按钮，按照要求进行清唱录制，如右图所示。

（4）在"选择歌手"选项中，选择代表自己的"个性化音色"，单击"生成歌曲"按钮，如下左图所示。

（5）歌曲生成后，在下方的创作任务中可对生成的歌曲进行编辑或发布，如下中图所示。

（6）单击"发布当前作品"按钮，唱鸭会根据歌词内容和歌曲风格自动生成 AI MV 封面，如下右图所示。单击"下一步"按钮，便可将 MV 保存至本地，或者将其发布到唱鸭 App 中，从而让更多人听到自己的声音。

用 AI 制作专属背景音乐

在制作视频或 PPT 时，背景音乐的选择至关重要，它应该与主题紧密相连，并具备情感引导力，从而帮助观众更深入地理解和感受内容。为了提升观看体验并强化内容的表达，可以借助 AI 音乐工具直接生成符合相应主题的背景音乐。这种方式不仅能够确保音乐与作品主题高度契合，还能极大地节省人们在寻找和筛选音乐上所花费的时间，使制作过程更加高效便捷。

（1）打开 https://suno.com/ 网址，注册并登录进入 Suno 的主页界面，如下图所示。

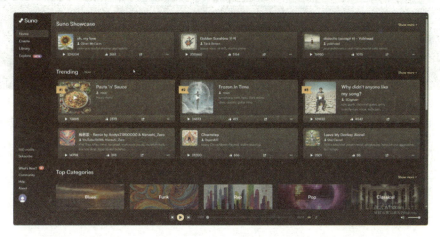

（2）单击左侧工具栏中的 Create（创建）按钮进入歌曲创作界面，单击 Instrumental（乐器）按钮进入乐器模式，如下图所示。

（3）在下方的 Style of Music（音乐风格）中填写音乐类型，这里笔者输入 Chill（放松、休闲）、Happy（欢快）进行尝试，在下方的 Title 中输入音乐标题，选择 V3 模型后，单击 Create 按钮，如下图所示。

（4）双击歌曲名称试听选中歌曲，在没有填写歌词的情况下，生成歌曲为只有乐器声音的纯音乐。试听完成后，单击歌曲选项，单击 Download（下载）选项中的 Audio（音频）或 Video（视频）按钮，便可将歌曲下载保存至本地，如下图所示。

用 AI 一键成片制作微课视频

微课视频作为"互联网＋教育"模式下的新型学习手段，已经日益受到广泛关注。如今，微课视频的制作不再局限于教师群体，学生们也被积极鼓励参与其中。制作微课视频不仅有助于学生们拓宽知识视野，更能够培养他们的创新能力和实践技能，为其全面成长提供了有益的锻炼机会。

（1）打开 https://yiyan.baidu.com/ 网址，注册并登录进入文心一言的主页界面，如右图所示。

（2）将语文书中《醉翁亭记》的原文粘贴在文本框内，并输入"将该文言文编为故事"指令，结果如右图所示。

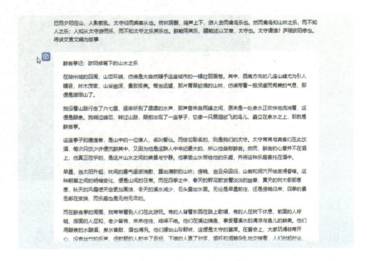

（3）在文本框内输入"字数查询"指令，得到的回复为此段故事大约为950字，接着在文本框内输入"缩减到五百字"指令，结果如下图所示。

（4）打开剪映专业版，在其主页单击"图文成片"选项，在其中选择"自由编辑文案"选项，将故事粘贴进文本框内，在界面右下角选择"知识讲解"的音色与"智能匹配素材"的成片方式，如下图所示。

（5）生成视频之后进行预览，笔者发现，如果仅有故事而不搭配原文，是很难起到最佳记忆效果的，单击上方工具栏"文本"选项中的"智能字幕"选项，选择文稿匹配，如下图所示。

（6）单击"开始匹配"按钮，将原文粘贴到文本框内进行匹配，生成之后调整文字的字体、颜色和位置，最终结果如下图所示。

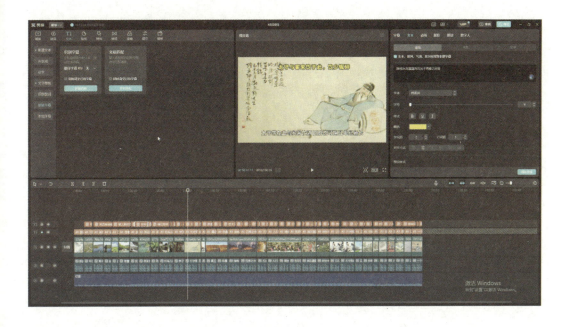

第 7 章

用AI进行综合学习

用 AI 高效制作学习 PPT

制作 PPT 在日常学习过程中是经常遇到的，传统的制作方式往往会消耗大量的精力和时间。AI 技术的进步带来了革新性的解决方案———键式 PPT 生成。只需输入所需 PPT 的主题及具体要求，AI 系统即可迅速执行资料检索、筛选、整合及设计等一系列工作，构建出完整且符合主题的演示文稿，从而提升整体学习效率与质量。

接下来，笔者将通过爱设计 AI 工具来制作关于朱自清的《背影》这篇课文的 PPT，具体操作步骤如下。

（1）打开 https://ppt.isheji.com/ 网址，注册并登录后进入如下图所示的页面。

（2）在文本框内输入所要生成的 PPT 主题，笔者想要生成一个关于朱自清的《背影》这篇文章的 PPT，在文本框内输入文字"课文朱自清《背影》的重点内容"，如下图所示。

（3）单击"开始生成"按钮，即可生成 PPT 的大纲，如下图所示。

（4）在界面右侧选择 PPT 模板，选好合适的模板后单击"应用模板"按钮，进入如下图所示的页面。

（5）单击"点击编辑"按钮后，AI 生成 12 页完整的 PPT，如下图所示。如果对所生成的 PPT 不满意，可以根据界面左侧的菜单进行二次编辑。

用 AI 制作思维导图

在学习课文知识时，思维导图作为一种有效的辅助工具，对于深入理解文章结构与主题起着至关重要的作用。传统的手绘思维导图方式耗时较多，随着AI 技术的持续跃进，如今已能实现基于强大算法的快速信息处理，使得短时间内生成详尽的思维导图成为可能。无论原始素材是 PDF 文档、音频记录还是视频讲解，AI 均能精准捕获关键要点，迅捷地将其转化为逻辑清晰、结构有序的思维导图形态，从而显著提升学习效率与知识吸收能力。

接下来，笔者将通过文心一言 AI 工具整理出课文的思维导图，具体操作步骤如下。

（1）打开 https://yiyan.baidu.com/ 网址，登录后进入文心一言默认对话页面，单击左上方的"选插件"按钮，选择"TreeMind 树图"插件，在文本框中输入"用思维导图写出莫泊桑的《我的叔叔于勒》这篇小说故事的大纲"文本指令，如下图所示。

（2）单击文本框右侧的"🚀"按钮，即可开始生成关于莫泊桑《我的叔叔于勒》小说故事大纲的思维导图，思维导图如右图所示。

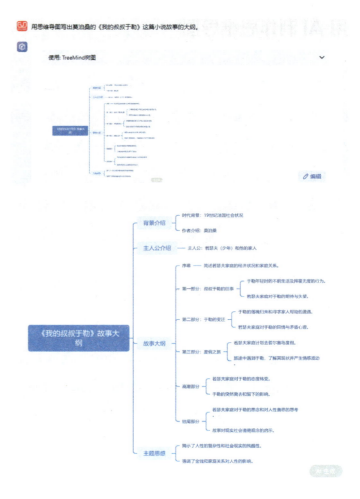

（3）单击"编辑"按钮，可对思维导图进行编辑，如下图所示。

（4）在编辑页面不仅能对思维导图进行版式调整，还能通过 AI 扩充思维导图的内容，用鼠标右键单击思维导图框，在弹出的快捷菜单中选择"AI 智能生成内容"按钮，出现"续写扩展"选项，如下图所示。

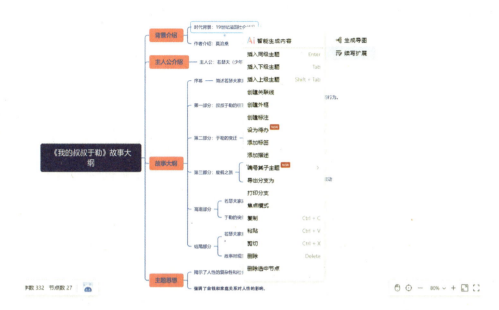

（5）选择"续写扩展"选项，即可生成扩展后的思维导图，如下图所示。

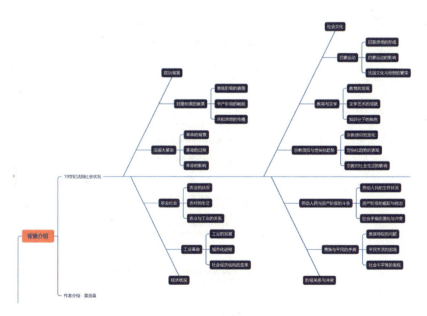

除了文心一言，360 浏览器 AI 助手也可以整理思维导图，它的一大特点是可以整合音频和视频文档的思维导图。

试卷分析

通过试卷分析进行学习规划可以更加有效地安排学习时间，避免将时间浪费在无关紧要的事情上。使用 AI 工具进行试卷分析，可以让 AI 通过分析试卷，找到自己的薄弱点，从而给出相应的学习规划。接下来，便可以结合自身的实际情况，将计划切实落地，确保能够深入理解每个知识点，并针对自己的薄弱环节进行有针对性的练习，以此来提升学习效果。

（1）打开 https://kimi.moonshot.cn/ 网址，注册并登录进入 Kimi.AI 的主页界面，单击 按钮上传自己的试卷文件，这里笔者以一份物理试卷为例，在文本框内输入"检查该试卷并做出问题解析"指令，如下图所示。

（2）单击"➤"按钮发送指令，Kimi.AI 会根据指令对试卷进行整理，并进行答案解析，得出的结果如右图所示。

未命名会话 ⌄

1. 在国际单位制中，力学的基本单位是（ ）

- A. N、m、s
- B. kg、m、s
- C. N、kg、s
- D. N、kg、m

解析：在国际单位制(SI)中，力学的基本单位包括质量（kg）、长度（m）和时间（s）。因此，正确答案是 B. kg、m、s。

2. 关于曲线运动，下列说法正确的是（ ）

- A. 做曲线运动的物体也可能受到实力作用
- B. 速率不变的曲线运动，加速度为零
- C. 恒力作用下的物体不可能做曲线运动
- D. 物体所受合外力与速度方向在同一条直线上

解析：

- A. 正确。曲线运动的物体可以受到实力作用，例如在非恒定的重力场中。
- B. 错误。即使速率不变，曲线运动的物体仍然可以有加速度，因为加速度不仅与速度大小有关，还与速度方向的变化有关。
- C. 错误。恒力作用下的物体可以进行曲线运动，例如抛物线运动。
- D. 错误。曲线运动的物体所受合外力方向与速度方向不在同一直线上，否则物体将沿直线运动。

正确答案是 A。

3. 如图，水平桌面上一木块在 F1、F2 作用下处于静止状态，F1=10N，F2=2N，方向均水平。现撤去力 F1，则木块（ ）

- A. 受摩擦力为2N，方向向右
- B. 所受合力为2N，方向向左
- C. 受摩擦力为8N，方向向左
- D. 受摩擦力为8N，方向向右

解析：由于木块处于静止状态，所以 F1 和 F2 以及摩擦力之间存在平衡关系。撤去 F1 后，木块将受到 F2 的作用以及与 F2 相等但方向相反的摩擦力作用。由于 F2 是向右的，摩擦力将向左。由于 F2=2N，摩擦力也将是2N，方向向左。

（3）接着，在文本框内输入"找出该试卷出现的错题和不足，制定相关知识点的补强计划"指令，得出的结果如右图所示。

补强计划：

1. **理解国际单位制：**
   ◦ 复习国际单位制的基本概念，特别是力学的基本单位。
   ◦ 通过练习题加深对不同物理量单位之间转换的理解。

2. **曲线运动的深入学习：**
   ◦ 通过实例学习曲线运动的特点，如匀速圆周运动、平抛运动等。
   ◦ 分析曲线运动中的速度、加速度和力之间的关系。

3. **共点力平衡的练习：**
   ◦ 通过实际问题和练习题，加强对共点力平衡的理解和应用。
   ◦ 学习如何正确分析物体受力情况，计算摩擦力。

4. **运动的合成与分解：**
   ◦ 通过图解和例题，学习如何分解和合成运动。
   ◦ 解决实际问题，如小船渡河、飞机飞行路径等。

5. **牛顿运动定律的应用：**
   ◦ 重点复习牛顿第一、第二、第三定律。
   ◦ 通过解决实际物理问题，加深对牛顿定律的理解。

6. **作用力与反作用力：**
   ◦ 学习牛顿第三定律，理解作用力和反作用力的关系。
   ◦ 通过练习题，加深对相互作用力的理解。

（4）最后，在文本框内输入"根据上述内容制定一个国庆节学习规划方案"指令，得出的结果如右图所示。

根据上述补强计划，我们可以为国庆节假期制定一个具体的学习规划方案。以下是一个假设的七天假期学习规划示例：

第一天：国际单位制与基本概念复习
- 上午：复习国际单位制（SI）的基本构成，包括力学的基本单位（kg、m、s）。
- 下午：通过在线测试或练习题检验复习效果，重点理解单位转换和物理量之间的关系。
- 晚上：整理错题，与同学或老师讨论不理解的概念。

第二天：曲线运动理解与应用
- 上午：学习曲线运动的基本概念，包括速度、加速度的方向关系。
- 下午：通过解决实际问题，如过山车的运动分析，加深对曲线运动的理解。
- 晚上：观看相关教学视频，巩固理论知识。

第三天：共点力平衡的练习
- 上午：复习共点力平衡的概念，学习如何分析物体受力情况。
- 下午：解决练习题，如斜面上物体的平衡问题。
- 晚上：总结解题技巧，准备第二天的模拟测试。

第四天：运动的合成与分解
- 上午：学习运动的合成与分解，理解速度和位移的向量性质。
- 下午：通过实例学习，如小船渡河问题，进行练习。
- 晚上：自主设计一个运动合成与分解的问题，加深理解。

第五天：牛顿运动定律的应用
- 上午：重点复习牛顿第一、第二、第三定律。

同时，由于每个人的生活习惯不同，所以 AI 提供的是一个通用的学习规划框架，最终仍然需要根据个人情况，结合 AI 给出的建议进行调整。

历史知识记忆

在历史等记忆类学科中，掌握有效的学习方法比单纯死记硬背更为高效。由于知识点繁多且零散，缺乏整体性，学生需要具备良好的整理归纳能力，并借助记忆技巧如联想记忆，以减轻记忆负担，提升学习效率。

AI工具能帮助学生将知识点串联起来，直观展示复杂的知识结构，或通过编写谐音、顺口溜等方式辅助记忆。与翻阅课本和资料相比，AI辅助能更高效地完成知识记忆。为进一步加深记忆，AI还可以整理相关典故的影视作品供学生观看，通过视觉呈现来强化记忆。

（1）打开 https://yiyan.baidu.com/ 网址，注册并登录进入文心一言的主页界面，在文本框内输入指令"以表格格式介绍中国从夏朝到新中国成立以来的所有重大事件（背景、时间、代表人物、目的、主张、主要活动、意义、启示）"。

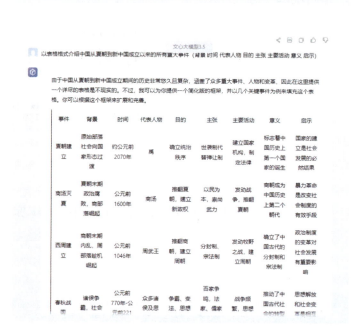

（2）单击" "按钮发送指令，文心一言将根据指令自动将相关知识点进行整理，但受限于生成字数限制，文心一言只能生成简化版框架，如右图所示。

（3）之后便只需要在文本框内输入"继续生成"指令，便可继续根据表格形式生成全部历史事件。然后，可以在文本框内输入"记忆朝代更替的顺口溜"指令，单击""按钮，结果如下图所示。

记忆朝代更替的顺口溜

以下是一个用于记忆朝代更替的顺口溜，简洁明了，易于记忆：

"夏商西周和东周，春秋战国秦一统；
西汉东汉三国起，西晋东晋南北朝；
隋唐五代传十国，宋元明清帝王休。"

这个顺口溜按照时间顺序，简明扼要地概述了中国历史上的主要朝代更替。从夏商开始，一直到清朝结束，每个朝代都被简洁地提及，帮助你在脑海中形成一清晰的历史脉络。

（4）记忆朝代更替的顺口溜相对而言较为简单，继续在文本框内输入"朝代更替时间顺口溜"指令，结果如下图所示。

朝代更替时间记忆顺口溜

以下是一个关于朝代更替时间的记忆顺口溜，帮助你更好地记住中国历史上各个朝代的大致时间框架：

"夏朝约前二一，商朝约前十六七；
西周前十又四七，东周前二五六起；
春秋战国四百五，秦朝一统又十五；
汉分东西四零五，三国两晋又一五；
南北朝时一百七，隋唐一统又三七；
五代十国五十载，宋元明清九加一。"

这个顺口溜按照时间顺序，简要概述了从夏朝到清朝的主要朝代及其大致的统治时间。每个朝代的统治时间都被简化为一个易于记忆的数字或时间段。通过反复诵读这个顺口溜，你可以更容易地掌握中国历史上各个朝代的时间框架。

（5）最后在文本框内输入"解读这段顺口溜"指令进行辅助理解，便可轻松记忆朝代的更替时间，如下图所示。

这段顺口溜非常生动地概括了中国历史上各个主要朝代的更替时间，下面是对这段顺口溜的详细解读：

1. "夏朝约前二一"：夏朝大约在前2070年建立，这是中国历史上第一个有记载的朝代，标志着中国从原始社会进入奴隶制社会。

2. "商朝约前十六七"：商朝大约在前1600年建立，是中国历史上的第二个朝代，以其发达的青铜文明和丰富的甲骨文记载而著称。

3. "西周前十又四七"：西周大约在前1046年建立，是中国历史上的第三个朝代，实行分封制，为后世封建制度的形成奠定了基础。

4. "东周前二五六起"：东周大约在前770年开始，是西周后期的延续，这一时期，中国进入了春秋战国时期，社会动荡不安，但也孕育了丰富的思想文化。

5. "春秋战国四百五"：春秋战国时期大约持续了450年，这是中国历史上一个动荡而充满变革的时期，出现了许多思想家和政治家，如孔子、孟子、老子、庄子等。

6. "秦朝一统又十五"：秦朝在公元前221年实现了中国的首次统一，结束了春秋战国的分裂局面，但其统治时间只有短短的15年。

7. "汉分东西四零五"：汉朝分为西汉和东汉两部分，总共持续了约405年，这是中国历史上第二个大一统的朝代，期间出现了许多重要的历史人物和事件。

8. "三国两晋又一五"：三国时期、西晋和东晋总共持续了约150年，这是中国历史上的一个分裂时期，但也是思想文化非常活跃的时期。

9. "南北朝时一百七"：南北朝时期持续了约170年，这是中国历史上又一个分裂时期，期间佛教在中国得到了广泛传播。

10. "隋唐一统又三七"：隋唐时期，中国再次实现了大一统，并且开创了繁荣的盛世，总共持续了约370年。

11. "五代十国五十载"：五代十国时期是中国历史上的一个短暂而混乱的时期，持续了约50年，期间政权更迭频繁，社会动荡。

第 8 章

用AI学习语文和英语

利用 AI 高效学习语文

用 AI 进行个性化诗词创作

在学习诗词的过程中，面对仿写练习这一挑战，对诗词涉猎尚浅的学习者而言，往往会感到困难。AI 技术为此类困境提供了有效的解决方案。AI 作诗工具通过深度学习海量的诗词样本，不仅融汇了历史、地理、文化等多元领域的知识，还能精准模拟并巧妙融合多种诗词风格，甚至能创造性地书写出新颖独特的诗句。

接下来，笔者将通过智谱清言 AI 创作工具，以人教版语文八年级上册的唐诗《钱塘湖春行》为例，利用 AI 进行诗词的仿写再创作练习，具体操作步骤如下。

（1）进入 https://chatglm.cn/ 网址，注册并登录后进入智谱清言默认页面，如下图所示。

（2）在界面下方的文本框内输入文字指令，在写文字指令时，一定要明确让 AI 所做的内容。这里的任务是诗词仿写，那么在文字指令中一定要明确仿写原诗词的诗词内容，对于比较经典的诗词不需要整首输入，而对于小众的诗词则需要整首输入，因为白居易的《钱塘湖春行》比较经典，所以在文字指令中仅需要输入题目和主旨内容，笔者输入的指令为"白居易所写的《钱塘湖春行》通过杭州西湖早春明媚风光的描绘，抒发了早春游湖的喜悦和对西湖风景的喜爱。请按照此诗的主旨创作一首诗，题目需要另起"，如下图所示。

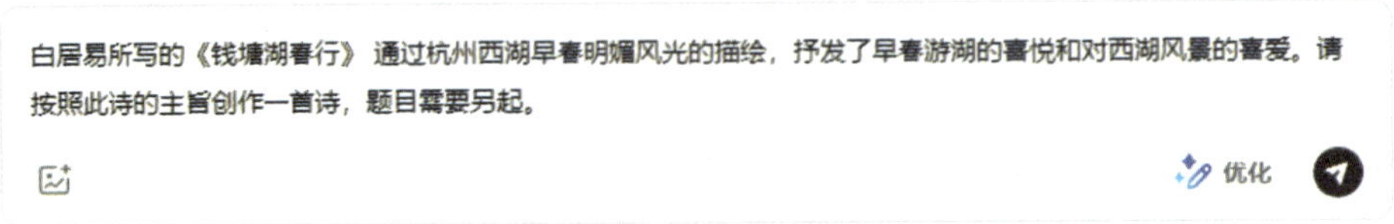

> 白居易所写的《钱塘湖春行》通过杭州西湖早春明媚风光的描绘，抒发了早春游湖的喜悦和对西湖风景的喜爱。请按照此诗的主旨创作一首诗，题目需要另起。
>
> 　　　　　　　　　　　　　　　　　　　　　　✏ 优化　✈

（3）单击文本框右侧的"✈"按钮，开始生成诗词，AI 仿写的诗词如下所示。

《春日游湖》

春日钱塘湖上游，风光依旧媚人眸。

绿波荡漾轻舟行，柳岸花开鸟语鸣。

山色远含烟水绿，云霞轻绕塔峰头。

世间美景难独有，此间风情独占优。

早春漫步湖边径，心怀喜悦喜无边。

此景此情难得遇，愿将诗笔留人间。

（4）如果想要和《钱塘湖春行》的体裁保持一致性，则需要在文字指令中加入明确体裁的指令。《钱塘湖春行》属于七言律诗，笔者再次输入的文字指令为"请创作一首七言律诗，以白居易所写的《钱塘湖春行》为主题，通过杭州西湖早春明媚风光的描绘，抒发了早春游湖的喜悦和对西湖风景的喜爱。请确保诗句符合原诗的主旨，并创造性地给出一个合适的题目"，如下图所示。

请创作一首七言律诗，以白居易所写的《钱塘湖春行》为主题，通过杭州西湖早春明媚风光的描绘，抒发了早春游湖的喜悦和对西湖风景的喜爱。请确保诗句符合原诗的主旨，并创造性地给出一个合适的题目。

 优化

（5）再次单击文本框右侧的""按钮，开始生成诗词，AI仿写的七言律诗体裁诗词如下所示。

《湖畔春行》

湖光山色渐分明，柳绿桃花映水城。遥望雷锋浮塔影，近闻苏小唱歌声。

间关莺语花底滑，幽咽泉流山际鸣。渐觉春光无障碍，游人欢笑乐无穷。

如果想要继续生成其他体裁的诗词，在文本框内输入相关诗词体裁指令即可。

用AI进行文章鉴赏

在学习语文课文时，往往需要对那些富含深意的经典篇章进行鉴赏与剖析，以便更好地领悟作者的思想内涵，把握文章的主题脉络。然而，由于个体认知水平、文学素养及理解能力的局限性，在自行解读时往往难以做到面面俱到。

人工智能技术的发展为此提供了新的解决方案。AI凭借其强大的数据处理能力和深度学习算法，能够多角度地对文章内容进行详尽解析，使得读者在学习语文课文时，能够突破个人认知的壁垒，获得多元化的理解视角。

接下来，笔者将通过豆包AI工具对余华的《活着》这篇小说进行鉴赏，具体操作步骤如下。

（1）进入 https://www.doubao.com/ 网址，注册并登录后进入如下图所示的页面。

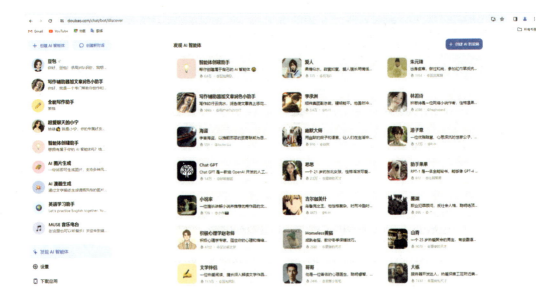

（2）单击左侧菜单栏中的"豆包"图标，在对话框内输入想要写的内容指令，笔者想要对文学作品进行鉴赏，在文本框中输入"请写一篇关于余华《活着》的小说阅读鉴赏"，生成的内容如下所示。

《活着》是余华的一部代表性作品，以其深刻的人生哲理和感人至深的故事情节而备受读者喜爱。以下是对《活着》的一篇阅读鉴赏：

主题与思想：小说通过讲述福贵的一生，探讨了生命的意义和存在的价值。在福贵的经历中，他经历了无数的苦难和挫折，但始终保持着对生命的执着和坚韧。小说表现了作者对人类生存状态的关注，以及对命运、苦难和死亡的思考。

人物形象：福贵是一个典型的中国农民形象，他勤劳、善良、坚韧，但也有许多人性的弱点。通过福贵的一生，读者看到了一个真实而复杂的人物形象，也感受到了生命的无奈和悲壮。

叙事风格：小说采用了第一人称的叙事方式，以福贵的视角讲述故事，使读者更容易产生共鸣。余华的语言简洁明快，富有表现力，他以朴实的文字描绘出了福贵的生活，使读者感受到了生命的沉重和无奈。

情节与结构：《活着》的情节跌宕起伏，充满了戏剧性和悲剧性。小说以时间为线索，通过福贵的回忆，展现了他的一生。这种回忆式的叙事结构，使小说在情节上更加连贯，也使读者更容易理解福贵的内心世界。

艺术特色：余华以其独特的艺术风格，创造了一个充满悲情和荒诞的世界。他通过对福贵的描写，展现了人类在苦难面前的渺小和无助，同时也表现了人类的坚韧和对生命的尊重。

总之，《活着》是一部思想深刻、艺术精湛的优秀作品。它以独特的视角和感人至深的故事情节，展现了人类的生存状态和生命的意义，值得我们细细品味和深思。

（3）此时生成的作品鉴赏内容往往比较浅显且篇幅较少，接下来需要对输入的文字指令进行调整。指令的输入是有一定技巧的，对于作品鉴赏来说，想要得到一篇完整的鉴赏，需要明确内容要求和鉴赏结构，笔者对文本指令进行了调整，输入了"请从文本分析、主题识别、情感体验、语言分析、评价鉴赏等方面写一篇关于余华《活着》的小说阅读鉴赏"，AI 给出的具体鉴赏内容如下所示。

《活着》是余华的一部经典之作，其文本蕴含着丰富的内涵，主题独特而深刻，情感体验真挚深沉，语言质朴而有力，具有极高的评价鉴赏价值。

一、文本分析

情节结构：以福贵的人生轨迹为线索，展开了一幅中国近现代社会的生活画卷。情节跌宕起伏，福贵经历了无数的苦难和挫折，如家庭的变故、社会的动荡等。这些情节紧密相扣，互为因果，使故事具有强烈的逻辑性和连贯性。

人物塑造：福贵这一形象具有鲜明的特点。他既有着坚韧不拔的品质，又有着普通人的弱点和无奈。其他人物形象也各具特色，如家珍的贤惠、凤霞的善良等，他们共同构成了一个丰富多彩的人物群像。

场景描写：虽然简洁，但却能够生动地展现出不同场景的特点。例如，对农村生活场景的描写，让读者感受到了乡村的质朴与宁静。

二、主题识别

生命的坚韧与无奈：作品强调了生命在面对重重困境时的顽强与坚韧，同时也揭示了人类在命运面前的无奈与无力。

对命运的思考：引导读者思考命运的无常和不可捉摸，以及人在命运面前的选择和态度。

三、情感体验

苦难中的温情：福贵在艰难的生活中，与家人之间的亲情、友情成为他坚持活下去的重要支撑。这种在苦难中展现的温情，让读者感受到了人性的光辉。

悲伤与希望的交织：故事中充满了悲伤与痛苦，但也不乏希望与温暖。这种情感的交织，使读者的情感体验更为丰富和复杂。

四、语言分析

简洁而深刻：余华的语言简洁明了，却能传达出深刻的思想和情感。

质朴真实：这种语言风格使读者更容易产生共鸣，感受到故事的真实性和感染力。

五、评价鉴赏

艺术价值：具有独特的艺术风格和高度的艺术成就。它以平凡的故事展现了不平凡的人生哲理，具有强烈的艺术感染力。

文化意义：通过福贵的人生经历，反映了中国传统文化中对家庭、亲情的重视，以及中国人民在历史变迁中的生存状态和精神追求。

对读者的影响：使读者深刻地思考人生的意义和价值，以及在面对困难和挫折时应有的态度和勇气。

用 AI 进行文言文句子翻译

对一部分学习者而言，掌握和理解文言文是一项艰难的任务，特别是在进行文言文翻译时，由于其独特的语言结构和丰富的文化内涵，往往使人感到困惑，接下来，笔者将通过通义千问 AI 工具，展示如何使用 AI 技术解决这一难题，具体操作步骤如下。

（1）打开 https://qianwen.aliyun.com/ 网址，进入通义千问默认对话页面，在下方的文本框内输入文字指令，因为《孙权劝学》这篇文言文较为经典，所以在对话框中不需要输入原文。笔者输入的文字指令如下所示。

请提供《孙权劝学》这篇七年级课文（出自人教版七年级语文教材）的文言文准确翻译，并按照以下格式回答：

翻译内容：

翻译过程：

翻译结果：

注：请确保翻译忠实于原文，并清晰、准确，反映出原文的语言特色和文学价值。

（2）单击文本框右侧的"🔹"按钮，即可进行文言文翻译。得到的 AI 回答如下所示。

翻译内容：

初，权谓吕蒙曰："卿今当涂掌事，不可不学！"蒙辞以军中多务。权曰："孤岂欲卿治经为博士邪！但当涉猎，见往事耳。卿言多务，孰若孤？孤常读书，自以为大有所益。"蒙乃始就学。及鲁肃过寻阳，与蒙论议，大惊曰："卿今者才略，非复吴下阿蒙！"蒙曰："士别三日，即更刮目相待，大兄何见事之晚乎！"

翻译过程：

初：起初，当初。权谓吕蒙曰：孙权对吕蒙说。卿今当涂掌事：你现在身居要职，执掌事务。不可不学：不能不学习（强调学习的重要性）。蒙辞以军中多务：吕蒙用军中事务繁忙作为推托的理由。孤岂欲卿治经为博士邪：我哪里是要你去研究儒家经典当博士呢？但当涉猎，见往事耳：只是应当广泛浏览书籍，了解历史而已。卿言多务，孰若孤：你说事务繁多，谁能比得上我（孙权）呢？孤常读书，自以为大有所益：我经常读书，自认为有很大的好处。蒙乃始就学：于是吕蒙开始学习。及鲁肃过寻阳：等到鲁肃经过寻阳的时候。与蒙论议，大惊曰：鲁肃与吕蒙交谈，非常惊讶地说。卿今者才略，非复吴下阿蒙：你现在的才干谋略，已经不再是以前那个吴县的阿蒙了。士别三日，即更刮目相待：人离开一段时间后就应该重新审视他。大兄何见事之晚乎：长兄你怎么到现在才认识到这个道理呢！

翻译结果： 起初，孙权对吕蒙说："你现在身居高位，处理政务，不可以不学习啊！"吕蒙用军务繁忙为由推辞。孙权回应道："我哪里是让你专攻经书去做学问家呢？只是希望你广泛阅读，了解历史罢了。你说自己忙，谁又能比我更忙呢？但我总是抽空读书，觉得大有裨益。"听罢，吕蒙便开始致力于学习。后来，当鲁肃路过寻阳时，与吕蒙讨论事情，鲁肃惊叹道："你现在的才能谋略，不再是当年在吴县的那个吕蒙了！"吕蒙答道："对于一个人，三天不见就应该重新看待，长兄怎么现在才发现我的变化呢？"

（3）在得到《孙权劝学》这篇课文的文言文翻译后，可以对其中的虚词进行整理和相关知识拓展。笔者输入的文字指令为"请按照文言文的语法特点，列出这篇文章中的虚词以及这些虚词的其他使用方法，并通过例句来简要解释它们的意义"，AI 整理的虚词如下图所示。

  请按照文言文的语法特点，列出这篇文章中的虚词以及这些虚词的其他使用方法，并通过例句来简要解释它们的意义

  ⟳ 根据搜索到的内容总结如下

《孙权劝学》中出现了一些典型的文言虚词，下面是其中几个虚词及其用法，包括它们在文中的意义和其它常见用法示例：

1. 以
   - 在文中用法：蒙辞以军中多务。这里"以"表示原因，相当于"因为"。
   - 其他用法示例：学以致用。（用来达到）
2. 岂
   - 在文中用法：孤岂欲卿治经为博士邪！这里"岂"用于反问，相当于"难道"。
   - 其他用法示例：斯人岂池中之物乎？（难道是…吗？）
3. 但
   - 在文中用法：但当涉猎。这里"但"表示"只"，"仅仅"。
   - 其他用法示例：但愿人长久，千里共婵娟。（只希望…）
4. 为
   - 在文中用法：孤岂欲卿治经为博士邪！这里"为"意为"成为"。
   - 其他用法示例：知之者不如好之者，好之者不如乐为之者。（乐于去做…）
5. 耳
   - 在文中用法：见往事耳。这里"耳"作为语助词，相当于"罢了"。
   - 其他用法示例：此小事，不足挂齿耳。（罢了，不值一提）
6. 若
   - 在文中用法：卿言多务，孰若孤？这里"若"用于比较，相当于"比得上"。
   - 其他用法示例：万里赴戎机，关山度若飞。（像…一样快）
7. 所
   - 虽然在提供的文本片段中未直接出现，但在文言文中常见，"所+动词"构成名词性结构，表示"…的地方/人/事物"。
   - 其他用法示例：所以遣将守关者，备他盗之出入与非常也。（…的原因）

以上虚词在文言文中极为常见，它们在不同的上下文中可以表达多种语法意义，对于理解文言文的句意至关重要。

用 AI 尝试不同风格的写作

在锤炼写作技巧的过程中，主动尝试模拟不同杰出作家的独特风格是一种行之有效的提升手段。通过这种方式，能够汲取各家之所长，丰富自己的表达方式和修辞手法，从而拓宽文学视野。考虑到作家公开作品的有限性，借助 AI 技术生成风格化的模拟文本，无疑能为人们提供更为广阔的研习素材，助力人们更好地理解和掌握这些杰出作家的艺术特色，进一步提升个人写作水平。接下来，笔者将通过通义千问 AI 工具来用鲁迅的口吻给唐·吉诃德写一封信，具体操作步骤如下。

（1）打开 https://qianwen.aliyun.com/ 网址，进入通义千问默认对话页面，在下方的文本框内输入文字指令，笔者输入的文字指令为"用鲁迅的风格口吻，写给唐·吉诃德的一封信。"，如下图所示。

用鲁迅的风格口吻，写给唐·吉诃德的一封信。

（2）单击文本框右侧的"🔹"按钮，即可生成鲁迅口吻的一封信。具体内容如下图所示。

用鲁迅的风格口吻，写给唐·吉诃德的一封信。

亲爱的唐·吉诃德先生

在这个荒诞与现实交织的时代，我提笔向你致意，带着些许诙谐，几分敬意，还有无尽的思索。你，一个游走在幻想与真实边缘的骑士，以你的长矛挑战风车，以你的盾甲对抗虚无，这一幕幕，不啻为世间最奇特的风景。

世人笑你痴狂，我却从中窥见了不屈与纯粹。在你那看似荒谬的行为背后，藏着一颗拒绝平庸、追求理想的心。这世界，何其需要这样的勇者，敢于以一己之力，挑战那些被众人视为不可撼动之物。你的每一次冲锋，都是对现实的一次质问，对理想国的一次追寻。

然而，先生，你的故事也让我深感悲凉。悲凉于梦想与现实之间的鸿沟，悲凉于世人对真诚与热情的冷漠。你用行动诠释了"知其不可而为之"的悲壮，却也让人反思，是否所有的理想都必须以孤独和误解为代价。在这条孤独的征途上，你既是勇士，也是囚徒，被自己的梦想所束缚，也被他人的目光所囚禁。

我常想，若你我生于同一时代，或许能成为彼此理解的知己。在这个同样充满矛盾与挣扎的世界里，我们可以一同嘲笑那些虚伪的面具，一同揭露那些隐藏在光明背后的阴暗。但愿我的笔，能如你的剑一般锋利，刺破谎言，揭示真相，哪怕这真相令人痛苦。

最后，我还想说，尽管你的战斗看似徒劳，但请不要放弃。因为正是有了像你这样不畏嘲笑、坚持信念的人，这个世界才不至于完全沉沦于庸俗与绝望之中。你的每一次努力，都在为后来者照亮前行的道路，让他们知道，在这漫长而艰辛的旅途中，至少还有人曾经勇敢地梦想过，奋斗过。

愿你在理想的道路上继续前行，即便前路漫漫，亦无惧风雨。而我，将以我的文字，为你呐喊，为你守望。

敬祝英勇无畏，

鲁迅于虚拟的历史交汇处

👍 👎 🔄 ↻ 🔗

（3）可以在文本框中输入"请细致分析鲁迅风格在给定的信件中的具体体现，并总结出鲁迅风格的特点。"指令，来分析这封信中鲁迅风格具体体现的方面，AI 的问答如下图所示。

根据搜索到的内容总结如下

在上述致唐·吉诃德的信件中，鲁迅风格的体现可以从以下几个方面进行细致分析：

1. **讽刺与幽默并存**：信件开头即以"荒诞与现实交织的时代"作为背景，带有一定的讽刺意味，对现实世界的复杂性进行了微妙的批判。同时，通过将唐·吉诃德的行为描述为"世间最奇特的风景"，既表达了对唐·吉诃德理想主义的敬意，也隐含了对其行为在外人眼中显得荒谬的幽默感。

2. **深刻的社会批判**：鲁迅风格的一个显著特点是深刻的批判精神。信中提到"悲凉于世人对真诚与热情的冷漠"，以及"嘲笑那些虚伪的面具，揭露那些隐藏在光明背后的阴暗"，这些直接指向了社会的冷漠与虚伪，体现了鲁迅对于社会现象的深刻洞察与批判。

3. **语言的凝练与力度**：信件使用了诸如"知其不可而为之"的成语，以及"刺破谎言，揭示真相"等有力的表达，展现了鲁迅风格中语言的凝练与力度，能够以简洁明快的文字传达深邃的思想和强烈的情感。

4. **理想主义与现实主义的融合**：鲁迅在信中既赞美了唐·吉诃德的理想主义精神，又不避讳地指出理想与现实之间的冲突，这种结合体现了鲁迅风格中对理想与现实矛盾的深刻认识，以及在矛盾中寻求真理与价值的努力。

5. **人文关怀与悲悯之情**：鲁迅在信中流露出对唐·吉诃德个人命运的深切同情，以及对他坚持理想的尊重，这种人文关怀和悲悯之情是鲁迅作品中常见的情感色彩，体现了作者对个体尊严与价值的重视。

总结鲁迅风格的特点，可以归纳为：

- **深刻的社会批判性**：不回避社会问题，敢于直面并批判社会的弊病。
- **语言的精炼与犀利**：以简洁有力的文字表达复杂深刻的思想。
- **讽刺与幽默的巧妙运用**：在批判中融入讽刺与幽默，使作品既严肃又不乏趣味。
- **理想与现实的深刻碰撞**：展现理想主义情怀，同时揭示理想与现实的差距，引发深思。
- **浓郁的人文关怀**：对人性的深刻洞察，对蒙者的同情与关怀，体现人文主义精神。

利用 AI 学习英语

用 AI 纠正语法

当写完一篇英语作文后，往往难以自我检测出其中的问题，此时，AI 可以充当英语老师的角色，通过快速扫描文本，找出其中的语法问题，给出针对性修改建议，并针对这些错误给出学习指导。

接下来，笔者将通过通义千问 AI 来纠正语法，具体操作步骤如下。

（1）打开 https://qianwen.aliyun.com/ 网址，进入通义千问默认对话页面，在下方的文本框内输入文字指令，输入指令时先输入想要修改的句子，然后加上相关指令操作。笔者输入的文字指令如下所示。

"Yesterday I go to the park. There was many childs playing games and have fun. The sun shine brightly but the weather was very nice. Me and my friend, we played frisbee and eat some snacks. Then, we saws a beautiful bird on the big tree, it's sing a pretty song. We took picture of it and decided that it was a lovely day indeed!" 以上英语句子中，存在语法错误，请找出以上句子中的错误后修改并分析原因。

（2）单击文本框右侧的"🔵"按钮，即可开始分析错误句子，最终修改的结果部分内容如下图所示。

以下是修正后的句子:

"Yesterday, I went to the park. There were many children playing games and having fun. The sun shone brightly, but the weather was very pleasant. My friend and I played frisbee and ate some snacks. Then, we saw a beautiful bird on a big tree, singing a pretty song. We took a picture of it and decided that it indeed was a lovely day!"

错误及分析:

1. "I go to the park." 应改为 "I went to the park." 过去式的使用错误,讲述昨天发生的事情应用went。
2. "There was many childs..." 应改为 "There were many children..." 主谓一致错误,were用于复数主语,且"孩子"的复数形式是children。
3. "playing games and have fun." 应改为 "playing games and having fun." 并列结构中动词应保持一致形式,都用动名词形式having。
4. "The sun shine brightly" 应改为 "The sun shone brightly." 同样是过去式的使用错误,shine的过去式是shone。
5. "but the weather was very nice." 改为 "but the weather was very pleasant." 虽然nice也是正确的,但pleasant在描述天气时更贴切,意味着既不过热也不过分冷,很宜人。
6. "Me and my friend," 应改为 "My friend and I," 在正式或书面英语中,通常将"I"放在其他人称之前。
7. "we played frisbee and eat some snacks." 应改为 "we played frisbee and ate some snacks." 同样的过去式错误,eat应改为ate。
8. "we saws a beautiful bird" 应改为 "we saw a beautiful bird." saw是see的过去式,直接使用,不需要加s。
9. "on the big tree, it's sing a pretty song." 应改为 "on a big tree, singing a pretty song." 这里去掉了不必要的"it's",因为后面的动作是伴随状语,用singing表示鸟儿正在唱歌的状态更合适。
10. "We took picture of it" 应改为 "We took a picture of it." 照相"是单数概念,需加冠词a。
11. "and decided that it was a lovely day indeed!" 语序稍作调整为 "and decided that it indeed was a lovely day!" 虽然原句语法上不错误,但调整后更符合英语表达习惯,加强了语气。

（3）在文本框内进一步输入指令,让AI以表格的形式总结错误类型,并给出相关建议。笔者在文本框输入的内容为"将以上存在的错误汇总成表格,表格内容包括错误之处、修改建议、原因和总结",指令和AI的回答如右图所示。

将以上存在的错误汇总成表格,表格内容包括错误之处、修改建议、原因和总结。

错误之处	修改建议	原因	总结
I go to the park.	I went to the park.	使用了现在时态而非过去时态。	动词时态需根据叙述的时间（昨天）调整为过去时。
there was many childs...	there were many children...	主谓不一致,复数名词误用。	复数名词应使用"children",且be动词与复数名词保持一致,使用"were"。
have fun	having fun	并列结构中动词形式不一致。	在进行时态中,两个动作应都使用动名词形式。
sun shine brightly	sun shone brightly	动词未正确变位为过去式。	过去式的正确使用对于表达过去发生的事件至关重要。
weather was very nice	weather was very pleasant	词汇选择可更加精确以增强表达效果。	"Pleasant"比"nice"更能准确描述宜人的天气。
Me and my friend,	My friend and I,	人称代词作为句子主语时的不恰当使用。	在正式语境中,先使用"我"以外的人称代词表示礼貌。
eat some snacks	ate some snacks	动词未正确变位为过去式。	保持整个叙述时态的一致性,此处应用过去式"ate"。
we saws a bird	we saw a bird	不必要的第三人称单数错误添加。	"Saw"已经是"see"的过去式,无需再加-s。
it's sing a song	singing a song	误用缩写形式,且动词形式不当。	此处应为现在分词作伴随状语,表示正在进行的动作。
took picture of it	took a picture of it	缺少冠词导致名词使用不完整。	特指一张照片时,需使用冠词"a"。
and decided that it was a lovely day indeed!	and decided that it indeed was a lovely day!	语序调整以增强表达的流畅度。	尽管原句语法无误,调整后更符合英语表达的习惯,强调了"的确"。

总结:上述修正主要集中在时态一致性、主谓一致、动词形式、词汇选择、代词使用以及语序调整上,这些修正使得整个叙述更加符合标准英语的语法规范和表达习惯。

用 AI 进行互动式英语学习

尽管大家在学习英语的过程中有着强烈的口语实践需求，但是往往会遭遇一个共性难题：缺乏合适的英语口语练习伙伴。AI 的出现为缺乏英语口语练习伙伴的学习者开辟了一条全新的道路。通过模拟真实对话、提供个性化教学及打破时空限制等，成功解决了"无学习伙伴"的困境，让每一位渴望提升英语口语能力的学习者都能在便捷、高效、个性化的环境中持续精进，畅享说英语的乐趣与成就感。

接下来，笔者将通过 Hi Echo App 来互动式学习英语，具体操作步骤如下。

（1）在手机应用商城中下载 Hi Echo App，注册并登录后，填写"选择对话阶段"和"选择对话等级和目标"，以便 AI 根据个人当前的学习阶段和英语水平，进行更好的交流。笔者设置了"大学"及"中级"，如下图所示。

注意：一定要根据自身的实际情况进行选择，以便更好地与 AI 进行对话。

（2）接下来，选择虚拟人口语教练。目前，此软件中有 Echo、Daniel、Sherry 共 3 个口语教练，可根据个人喜好进行选择。教练选择完成后单击 Chat with Echo（与 Echo 聊天）按钮，即可开始对话。笔者选择了 Echo 教练进行对话，如右侧左图所示。

（3）长按下方的"按住说话"按钮，即可进行对话发言。笔者与 AI 口语教练的对话如右侧右图所示。

（4）单击右侧的电话图标，即可结束对话，对话结束后会生成对话报告，报告包括发音评分和语法评分，其中有 AI 润色、AI 建议、AI 发音纠错等方面的反馈。可以根据报告查缺补漏，以便更好地学习和进步。笔者的对话报告如右侧左图所示。

（5）除此之外，Hi Echo App 内还有许多场景可供选择，也可以自定义场景，场景对话页面如上方右图所示。

用 AI 整理单词分类

英语词汇量庞大，容易造成记忆混淆，采取分类背诵单词的方式有助于提高记忆效果。借助人工智能技术，可以对单词进行科学分类整理，从而更有效地加深记忆和理解。

AI 可以通过分析单词的词义、词性、使用场景等多重维度，将其精准归类，如按照日常生活、商务交流、学术研究等领域划分，或者按照动词、名词、形容词等词性分类。

接下来，笔者将通过文心一言 AI 工具来分类整理英语单词，具体操作步骤如下。

（1）打开 https://yiyan.baidu.com/ 网址，登录后进入文心一言默认对话页面，在下方的文本框内输入文字指令，笔者输入的文字指令为"请根据初中英语教学大纲，将必学英语单词按照类别整理成表格，每类至少列出十个单词。表格应包含'类别''单词''音标''释义'和'例句及翻译'五列"，如下图所示。

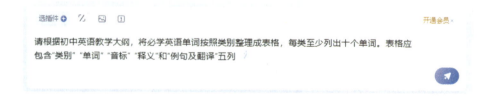

（2）单击文本框左上方的"选插件"按钮，选择"E 言易图"插件，如下图所示。

（3）单击文本框右侧的""按钮，即可开始生成分类单词，部分内容如右图所示。

请根据初中英语教学大纲，将必学英语单词按照类别整理成表格，每类至少列出十个单词。表格应包含类别、单词、音标、释义和例句及翻译等五列

以下是一个根据初中英语教学大纲整理的英语单词表格，包含了各类别下的十个单词，以及它们的音标、释义、例句和翻译。请注意，由于教学大纲可能因地区和学校而异，这里提供的单词列表仅供参考。

类别	单词	音标	释义	例句	翻译
名词	student	/ˈstjuːdnt/	学生	He is a good student.	他是一个好学生。
	teacher	/ˈtiːtʃər/	教师	My teacher is very kind.	我的老师很和蔼。
	book	/bʊk/	书	I like reading books.	我喜欢读书。
	pen	/pen/	钢笔	I need a pen to write.	我需要一支钢笔来写字。
	desk	/desk/	书桌	There is a computer on the desk.	书桌上有一台电脑。
	chair	/tʃeər/	椅子	Please sit on the chair.	请坐在椅子上。
	school	/skuːl/	学校	I go to school every day.	我每天都去上学。
	classroom	/ˈklɑːsruːm/	教室	The classroom is very clean.	教室很干净。

（4）如果想要生成关于单词的其他内容，在文本框内修改相关指令即可。此外，还可以让AI出题巩固这些单词，部分出题内容如右图所示。

根据以上英语单词，出一些题目。

以下是根据上述英语单词表格出的一些题目，包括选择题、填空题和翻译题。

选择题

1. She _____ every day to stay healthy.
   A. runs B. jump C. plays D. eats

2. Which of the following is a noun?
   A. tall B. read C. book D. sad

3. The _____ is very clean. We can study well in it.
   A. student B. teacher C. classroom D. swim

4. He _____ very high. He wants to be a basketball player.
   A. jumps B. reads C. sleeps D. sings

5. The girl is _____ because she lost her favorite toy.
   A. happy B. sad C. beautiful D. tall

填空题

1. He _____ (write) a letter to his friend every week.

2. They _____ (play) football in the playground after school.

3. My _____ (teacher) is very kind and helps me a lot.

4. The _____ (eraser) is in my pencil box.

5. She is a very _____ (beautiful) girl.

用 AI 进行口语测评

许多同学在读写方面表现出色，但在口语表述上却存在困难，这种失衡的学习方式会在未来的大学学习中留下隐患。使用 AI 口语工具进行口语练习，可以在实时互动练习中提高自己的表达能力。短期之内效果可能不太显著，但却可以潜移默化地提高自己的英语语感，增强自己的表达能力。无论是未来想要学习英语相关专业，还是提高自己的考试成绩，都有很大帮助。

（1）在手机应用商城下载"英语流利说"App，注册并登录进入其主界面，如下左图所示。

（2）根据自己的英文水平选择想要提升的位阶，并选择相应的学习计划内容，如下右图所示。

（3）最后，根据自己的情况选择适合自己的学习强度，AI 将根据目标要求制定学习计划，如下左图所示。

（4）进入 App 的学习界面，既可以选择专业课程学习，也可以选择碎片化学习，如下中图所示。

（5）单击"轻松学"选项中的"入门词汇"按钮，然后单击下方的"开始学习"按钮，如下右图所示。

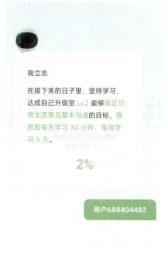

（6）AI 将给出相应的口语评判标准，根据提示按住录音按钮念出相应的单词，如右侧左图所示。

（7）发音完成后，AI 会用相应的色彩做出评价，单击右侧的"红色"按钮，即可发现读音中的问题所在，如右侧右图所示。

第 9 章

用AI学习数学、物理和化学

利用 AI 学习数学

用 AI 判断数学题正误

完成数学题目后，往往难以自我准确评估解题的正确率。此时，借助 AI 技术能有效且高效地评判所做题目的正误。通过 AI 工具进行智能批改，不仅能快速验证计算步骤和答案的准确性，还能针对每一步骤提供详细的解析，帮助人们了解错误所在及改正方法，从而更有效地学习。

（1）打开 https://kimi.moonshot.cn/ 网址，注册并登录后进入 Kimi.AI 的主页界面，单击"📄"按钮，将试卷照片进行上传，在文本框中输入"判断试卷答题对错"指令，如下图所示。

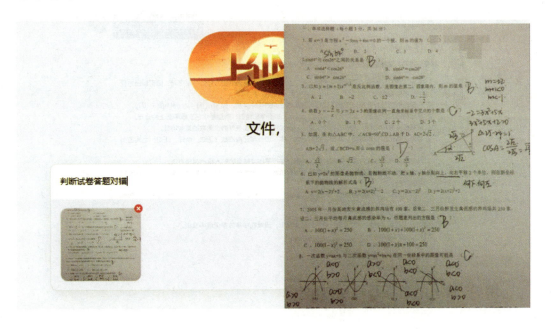

（2）单击"➤"按钮发送指令，Kimi.AI 将根据试卷内容做出题目解析，但因为在试卷上的演算部分遮挡住了部分试题，所以导致 Kimi.AI 在选项判断上出现瑕疵，但整体结果无误，结果如下图所示。

好的，让我们再次检查您提供的试卷图片中的选择题，并尝试判断每个问题的答案是否正确。由于图片内容可能存在不清晰或不完整，我会尽力根据提供的信息进行判断。

1. 方程 $x^2 + 3mx + 6m = 0$ 的一个根是 $x = 3$，将 $x = 3$ 代入方程得到 $9 + 9m + 6m = 0$，解得 $m = -1$。图片中没有提供 $m = -1$ 的选项，所以无法直接判断。

2. $\sin(64°)$ 与 $\cos(26°)$ 之间的关系是 $\sin(64°) = \cos(90° - 64°) = \cos(26°)$。因此，正确答案是 B。

3. 已知 $y = (m + 1)x^{-s}$ 是反比例函数，反比例函数的形式通常为 $y = \frac{k}{x}$，但这里的表达式不是反比例函数的标准形式。由于图像在第二、四象限内，说明 $m + 1$ 必须小于0，即 $m < -1$。图片中的选项 B 是 $m = -\frac{1}{2}$，这符合条件，所以 B 是正确答案。

4. 这个问题关于函数 y 和价格 25 元之间的关系，但由于没有提供足够的信息或函数的具体形式，我们无法判断答案。

5. 在直角三角形 $\triangle ABC$ 中，如果 $\angle CAB = 90°$，且 $AC = 2\sqrt{2}$，$AB = 2\sqrt{3}$，那么 $\cos A = \frac{AC}{AB} = \frac{2\sqrt{2}}{2\sqrt{3}} = \frac{\sqrt{6}}{3}$。因此，正确答案是 C。

6. 抛物线 $y = y - 2x$ 的图像不动，x轴向上平移2个单位，y轴向右平移2个单位，新的抛物线解析式应该是 $y = 2(x - 2)$。因此，正确答案是 B。

7. 设二、三月份平均每月离流感的感染率为 x，那么一月份的养鸡场数加上二、三月份新增的养鸡场数应该等于250家。方程应该是 $100(1 + x) + 100(1 + x) = 250$。因此，正确答案是 B。

8. 一次函数 $y = ax + b$ 与二次函数 $y = ax^2 + bx + c$ 在同一坐标系中的图像可能是两条不同的曲线，因为它们的数学形式和性质不同。图片中的选项没有明确表示这两个函数图像的关系，所以无法判断。

（3）为了更好地回顾相关知识点，在文本框内输入"整理相关试题涉及知识点"指令，进行知识巩固，结果如下图所示。

 整理相关试题涉及知识点

 根据您提供的试卷图片内容，这些选择题涉及的知识点包括：

1. **一元二次方程的解**：了解如何求解一元二次方程，特别是当给出方程的一个根时，如何解出方程中的未知系数。

2. **三角函数的互补关系**：理解正弦和余弦函数之间的互补关系，即 $\sin(\theta) = \cos(90° - \theta)$。

3. **反比例函数的性质**：掌握反比例函数 $y = \frac{k}{x}$ 的图像和性质，特别是其在坐标平面上的分布。

4. **函数的定义和应用**：理解函数的定义，以及如何根据给定条件确定函数的某些特征。

5. **直角三角形的三角函数**：掌握在直角三角形中，边长与三角函数（正弦、余弦、正切）之间的关系。

6. **几何变换与抛物线方程**：了解抛物线方程在进行平移变换后的新方程的确定方法。

7. **指数函数和增长率问题**：理解如何使用指数函数来描述增长率问题，并能够根据给定条件建立相应的方程。

8. **一次函数与二次函数的图像**：掌握一次函数和二次函数的图像特征，以及它们在坐标系中的表现形式。

这些知识点覆盖了代数、几何和三角学的基础概念，通常在中学数学课程中教授。

用 AI 解决函数与方程问题

函数与方程是数学试题中的重点考察内容，不仅出现在选择题、填空题中，更是解答题的常见考点，但是许多人在解决这些问题时，可能会遇到一些典型错误和挑战，借助 AI 可以更好地理解和掌握函数与方程的解题方法，规避常见错误，提升解题效率。

（1）打开 https://yiyan.baidu.com/ 网址，注册并登录后进入文心一言的主页界面，在文本框内输入"函数与方程相关的知识点"指令，查找相关知识点，结果如下图所示。

（2）学习完相关知识点后，根据自己的薄弱点生成题目进行测试，在文本框内输入"一元二次方程类提示试题"指令，结果如下图所示。

（3）为了更好地补充相关知识，这时需要生成无解析版的试题进行测试，在文本框内输入"一元二次方程类无答案应用题"指令，生成测试用题，结果如下图所示。

题目1:

某工厂生产一种产品，每件产品的成本为50元，售价为80元。为了扩大销售，工厂决定降价销售。经过市场调研发现，该产品每降价1元，月销售量就增加10件。若工厂想要每月获得不低于3000元的利润，那么每件产品的售价应定为多少元？

题目2:

一个矩形的面积是36平方厘米，其一边长为x厘米。当这一边长增加2厘米时，矩形的面积增加了16平方厘米。求x的值。

题目3:

某商店购进一批单价为20元的日用品，如果按每件25元的价格销售，那么每天可销售30件。经调查发现，销售单价每提高1元，其销售量相应减少2件。将销售价定为多少元时，才能使每天所获销售利润最大？最大利润是多少？

题目4:

某公司为了扩大经营，决定购进6台机器用于生产某种零件。现有甲、乙两种机器可供选择，其中甲种机器每台7万元，乙种机器每台5万元。经过预算，本次购买机器所需资金不能超过34万元。

(1) 按公司要求，有几种购买方案？

(2) 若甲种机器每台每天生产零件105个，乙种机器每台每天生产60个。为了使该公司每天的生产量不低于420个零件，应选择哪种购买方案？

题目5:

一个足球由黑、白两色皮子缝制而成，黑色皮子为正五边形，白色皮子为正六边形，并且黑色正五边形与白色正六边形的边长相等。缝制的方法是：每块黑色皮子的5条边分别与5块白色皮子的边缝在一起；每块白色皮子的6

（4）完成相关练习后，在文本框内输入"给出上述练习题目的解析"指令，进行错题解析，如下图所示。

 给出上述练习题目的解析

以下是上述练习题目的解析：

题目1解析：

设每件产品的售价为x元，则降价了$(80-x)$元。根据题意，每降价1元，月销售量增加10件，所以降价$(80-x)$元后，月销售量为$10(80-x)$件。每件产品的利润为$(x-50)$元。因此，月利润为$(x-50)\times10(80-x)$。要使月利润不低于3000元，我们得到不等式：

$$(x-50)\times10(80-x)\geq3000$$

展开并整理得到一元二次不等式：

$$x^2-130x+4300\leq0$$

解这个不等式，得到x的取值范围，进而确定售价的范围。

题目2解析：

设矩形另一边长为y厘米，则根据面积公式，我们有$xy=36$。当一边长增加2厘米时，新的边长为$x+2$厘米，新的面积为$(x+2)y$，并且这个面积比原面积多了16平方厘米，即$(x+2)y=36+16$。我们得到方程组：

$$\begin{cases} xy=36 \\ (x+2)y=52 \end{cases}$$

从第一个方程中解出y，代入第二个方程，得到一个关于x的一元二次方程，解这个方程即可求得x的值。

题目3解析：

设销售价定为x元。根据题意，每提高1元售价，销售量减少2件，所以销售量为$30-2(x-25)$件。每件商品的利润为$(x-20)$元。因此，总利润为$(x-20)[30-2(x-25)]$。为了找到最大利润，我们需要将这个表达式转化为顶

用 AI 整理几何图形及定理

由于几何图形的种类繁多，每一种图形都有其独特的规律和定理，这在学习过程中对部分人来说，可能会造成一定程度的理解困扰和混淆。然而，通过巧妙地借助 AI 技术，能够有效地改善这一状况。

AI 能够以智能化的方式解析和展现各类几何图形的内在规律与定理，提供生动、直观的学习体验，有助于人们更好地理解和掌握不同几何图形的特点，从而减少混淆，提升学习效率。

（1）打开 https://tongyi.aliyun.com/ 网址，注册并登录后进入通义千问的主页界面。单击"图片理解"按钮，单击"⬆"按钮，上传关于"几何图形"的知识点照片或文档，在文本框内输入"提炼整理其中关于几何图形的知识点"指令，如下图所示。

（2）单击""按钮发送指令，通义千问将根据指令分析照片，并将相关知识点进行整理，结果如下图所示。

这张图片展示了圆周角定理及其推论。以下是提炼整理的关于几何图形的知识点：

1. 圆周角定理：同弧所对的圆周角等于它所对的圆心角的一半。
2. 圆周角定理的推论：
   - 推论1：同弧或等弧所对的圆周角相等，同圆或等圆中，相等的圆周角所对的弧是等弧。
   - 推论2：半圆或直径所对的圆周角是直角；圆周角是直角所对的弧是半圆，所对的弦是直径。
   - 推论3：若三角形一边上的中线等于这边的一半，则这个三角形是直角三角形。

这些知识点都是关于圆和三角形的基本性质和定理，对于理解和解决相关几何问题非常有帮助。

（3）单击下方的"上传图片"按钮，继续上传照片，同样输入"提炼整理其中关于几何图形的知识点"指令，结果如下图所示。

提炼整理其中关于几何图形的知识点

这张图片包含了关于平面图形和立体图形的一些基本概念和公式。以下是提炼整理的关于几何图形的知识点：

1. 平面图形：
   - 圆：圆心是圆的中心，半径是连接圆心和圆上任意一点的线段，周长是圆的边缘长度，面积是圆内部的区域大小。
2. 立体图形：
   - 长方体：有6个面，相对的面面积相等；8个顶点，每个顶点连接三条棱；12条棱，相对的四条棱长度相等；表面积是所有面面积之和，体积是物体占据的空间大小。
   - 正方体：有6个面，每个面面积相等；8个顶点，每个顶点连接三条棱；12条棱，每条棱长度相等；表面积是所有面面积之和，体积是物体占据的空间大小。
   - 圆柱：有两个圆形底面和一个侧面，侧面积是底面周长乘以高，表面积是两个底面积加上侧面积，体积是底面积乘以高。
   - 圆锥：有一个圆形底面和一个侧面，侧面是一个扇形，体积是底面积乘以高再除以3。

这些知识点是几何学的基础，对于理解和解决相关几何问题非常有帮助。

（4）除了使用"图片理解"功能进行几何整理，也可以在"文档解析"选项下单击"上传文档"按钮，上传相关教案或教学课件获得相关知识点，选择"文档解析"选项，单击"⬆"按钮上传文档，在文本框内输入"提炼整理文档中的知识点"指令，如下图所示。

💬 文本回答　　📷 图片理解　　📄 文档解析　　　　　　　　　　　　　　　⚲ 指令中心

Ｗ 24.3 正多边形和圆（第1...　　Ｗ 24.3 正多边形和圆（第2...

提炼整理文档中的知识点

⬆ 上传文档

（5）单击"⚀"按钮发送指令，AI将根据指令对文档进行阅读分析，然后对相关知识点进行提炼整理，结果如下图所示。

提炼整理文档中的知识点

[W] 24.3 正多边形和圆（第1课...   [W] 24.3 正多边形和圆（第2课...
    635.10 KB   329.05 KB

ⓓ 2 份文档阅读完成 ⌄

以下是对您提供的两份文档中关于正多边形和圆的知识点提炼与整理：

第1课时

1. **正多边形定义**：各边相等且各角也相等的多边形称为正多边形。

2. **对称性**：正多边形都是轴对称图形，有n条对称轴。对于边数为偶数的正多边形，同时具备中心对称性。

3. **正多边形与圆的关系**：
   - 正多边形的各个顶点均位于同一个圆上，这个圆称为正多边形的外接圆。
   - 每个正多边形都有一个内切圆，其圆心与外接圆的圆心相同，内切圆的半径即为正多边形的边心距。

4. **相关概念**：
   - 正多边形的中心：外接圆和内切圆的公共圆心。
   - 正多边形的半径：外接圆的半径。
   - 正多边形的边心距：内切圆的半径。

用 AI 整理初中数学必背公式

随着时间的推移，一些数学公式可能会在人们的记忆中逐渐淡忘。然而，运用 AI 技术，能够高效地梳理和整合数学公式，帮助人们系统地记忆。这不仅意味着可以查找、回顾和掌握复杂的公式原理，更能够搭建起知识图谱，将各个公式间的关联性以可视化的方式清晰呈现。

（1）打开 https://yiyan.baidu.com/ 网址，注册并登录后进入文心一言的主页界面，在文本框内输入"初中数学必背公式"指令，如下图所示。

（2）单击"$\rightarrow$"按钮发送指令，文心一言将根据问题罗列初中数学必背公式，结果如下图所示。

初中数学涉及众多重要的公式和定理，以下是其中的一部分必备公式：

1. 代数部分：
- 平方差公式：$a^2 - b^2 = (a+b)(a-b)$
- 完全平方公式：$(a \pm b)^2 = a^2 \pm 2ab + b^2$
- 一元二次方程求根公式：$x = \frac{-b \pm \sqrt{b^2 - 4ac}}{2a}$

2. 几何部分：
- 圆的周长公式：$C = 2\pi r$
- 圆的面积公式：$S = \pi r^2$
- 矩形面积公式：$S = a \times b$（其中a和b为长和宽）
- 三角形面积公式：$S = \frac{1}{2} \times 底 \times 高$
- 勾股定理：$a^2 + b^2 = c^2$（其中c为直角三角形的斜边）

3. 三角函数部分（通常在初中后期或高中初期学习）：
- 正弦：$\sin \theta = \frac{对边}{斜边}$
- 余弦：$\cos \theta = \frac{邻边}{斜边}$
- 正切：$\tan \theta = \frac{对边}{邻边}$

4. 概率与统计部分：
- 事件概率公式：$P(A) = \frac{事件A发生的方式数}{所有可能的方式数}$
- 期望公式：$E(X) = \sum x_i p_i$（其中x_i是随机变量X的可能取值，p_i是对应取值的概率）

（3）AI根据指令罗列了部分常用公式，所以在文本框内输入"补充初中数学公式"指令进行追问，结果如下图所示。

除了之前提到的初中数学公式，还有一些重要的公式需要补充：

一、数与代数

1. **加法结合律**：三个数相加，先把前两个数相加，或先把后两个数相加，再同第三个数相加，和不变。即 $(a + b) + c = a + (b + c)$。

2. **乘法分配律**：一个数同两个数的和相乘，等于把这个数分别同这两个数相乘，再把积相加。即 $(a + b) \times c = a \times c + b \times c$。

3. **乘法结合律**：三个数相乘，先把前两个数相乘，再同第三个数相乘，或先把后两个数相乘，再同第一个数相乘，积不变。即 $(a \times b) \times c = a \times (b \times c)$。

4. **因式分解的十字相乘法**：对于形如 $ax^2 + bx + c$ 的二次多项式，若能找到两个数 p 和 q，使得 $ap = c$ 且 $pq = b$，则多项式可以分解为 $(px + q)(qx + p)$。

二、方程与不等式

1. **一元一次方程的标准形式**：$ax + b = 0$（其中 $a \neq 0$）。

2. **一元一次不等式的标准形式**：$ax + b > 0$ 或 $ax + b < 0$（其中 $a \neq 0$）。

3. **一元一次方程与不等式的解**：通过移项、合并同类项、系数化为1等步骤求得 x 的值。

三、几何

1. **勾股定理的逆定理**：如果三角形的三边满足勾股定理（即最长边的平方等于其他两边平方和），那么这个三角形是直角三角形。

2. **三角形的内角和定理**：三角形的三个内角之和等于180°。

3. **平行四边形的性质**：平行四边形的对边相等且平行；对角线互相平分。

4. **梯形中位线定理**：梯形的中位线平行于两底，并且等于两底和的一半。

四、函数

（4）在罗列的重点公式中找出自己的薄弱点，例如，在文本框内输入"方程与不等式相关知识点"指令，精准获取该方面的知识，结果如下图所示。

方程与不等式相关知识点　　　　文心大模型3.5

方程与不等式是初中数学中的两个重要概念，它们各自包含了许多相关的知识点。

方程的知识点主要包括：

1. **方程的定义**：方程是描述数学关系中等式关系的式子，通常由未知数、系数和常数项组成，通过运算符号将它们连接起来。方程可以是一元方程（只含有一个未知数）或多元方程（含有多个未知数）。

2. **一元一次方程**：这是最简单的方程形式，形式通常为 $ax + b = 0$，其中 a 和 b 为已知数，x 为未知数。解一元一次方程的关键在于运用逆运算，将未知数从方程中解出来。

3. **方程的解法**：对于不同类型的方程，有不同的解法。例如，一元一次方程的解法包括倒退法、代入法和化简法；二次方程的解法包括配方法、公式法和图解法等。

不等式的知识点主要包括：

1. **不等式的定义**：不等式是用大于、小于、大于等于或小于等于连接而成的数学式子，表示两个数之间的大小关系。

2. **不等式的性质**：包括对称性、传递性、加法单调性（同向不等式可加性）、乘法单调性、正值不等式可乘性、正值不等式可开方等。

3. **不等式的解法**：与方程的解法类似，不等式的解法也涉及到各种方法，如倒退法、代入法和化简法等。对于一元一次不等式，解法与一元一次方程类似；对于一元二次不等式和一元多次不等式，解法可能更为复杂，可能需要利用图解法或区间法进行求解。

在解题过程中，理解方程与不等式的概念、性质和解法是非常重要的。同时，还需要注意运算的准确性和解题步骤的规范性，以确保得到正确的答案。

利用 AI 学习物理

用 AI 整理物理作图题

在学习物理时往往离不开作图。作图是将物理原理应用于实际情境的过程，可以帮助人们将抽象的物理概念和规律以可视化的方式呈现出来，使复杂的物理过程变得直观易懂。利用 AI 技术能够智能化地辅助物理作图，将抽象的物理概念和复杂的过程以直观的图像形式展现出来，帮助人们更好地理解物理原理和现象。

（1）打开 https://kimi.moonshot.cn/ 网址，注册并登录后进入 Kimi.AI 的主页界面，单击 " ⬆ " 按钮上传所需解析的图片，在文本框内输入 "该图片中体验的电路知识点" 指令，如下图所示。

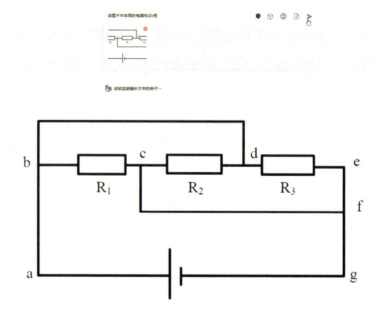

（2）单击 " ➤ " 按钮发送指令，Kimi.AI 将根据图片进行分析解答，结果如下图所示。

根据您提供的图片内容，电路图中展示了三个电阻器R1、R2和R3，以及一个电源和一个接地点。这个电路图体现了以下几个电路知识点：

1. 电阻器的表示

电阻器在电路图中用矩形符号表示，这是最基本的电路元件之一。电阻器用于限制电路中的电流流动，并且会消耗电能转化为热能。在电路图中，电阻器通常标有其阻值，例如R1、R2和R3。

2. 电源符号

电源符号通常表示为一个圆圈内有一个"+"号，代表电源的正极，而"-"号代表电源的负极。在您提供的电路图中，电源符号表示电路的供电部分，电流从电源的正极流出，经过电阻器，最终回到电源的负极。

3. 接地符号

接地符号（通常表示为一个带有水平线的垂直线）表示电路的参考点或公共电位点。在电路图中，所有的负极或公共电位点都会连接到接地点，以确保电路的稳定运行。

用 AI 讲解物理实验

物理实验让人们有机会直接地观察物理现象，使抽象的物理原理变得具体可见、可触摸，有助于人们形成深刻直观的认识。在日常学习过程中，由于条件限制，可能难以随时随地借助物理实验设备进行实践操作。然而，现今科技的发展已经使得这一难题迎刃而解。

通过 AI 模拟物理实验，可以使人们突破空间与资源的限制，模拟出常规实验难以实现或观测的复杂环境与场景。这种方式极大地丰富了人们的学习手段，提高了理解物理知识的效率。

（1）打开 https:// wl.nobook.com/网址，注册并登录后进入 NB 物理实验室的主页界面，如右图所示。

（2）根据年级教材选择想要进行练习的物理实验，选择"练习连接电路"选项，单击"去做实验"按钮，如下图所示。

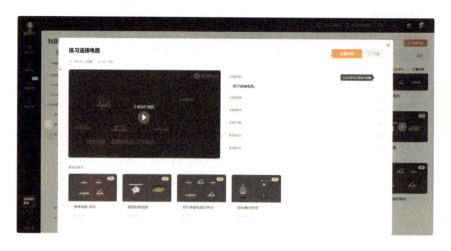

（3）默认布局中提供了小电机、蜂鸣器、开关、小灯泡和电池组等常用器材，也可以在右侧的器材搜索中选择器材进行添加，如下图所示。

（4）在器材的电极一端拖动鼠标即可生成导线，拖动鼠标即可将电路连接，单击开关位置闭合开关，小灯泡将亮起，如下图所示。

（5）将小电机或蜂鸣器接入线路，如果电路正常运行则表示实验成立，如下图所示。

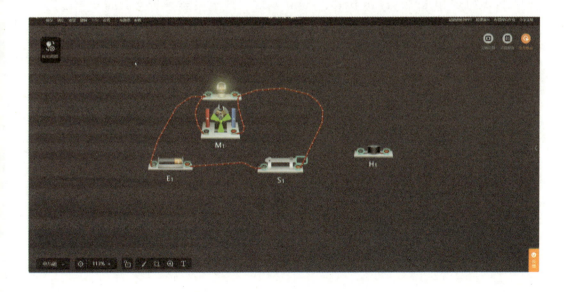

利用 AI 学习化学

用 AI 写化学方程式

化学方程式作为化学反应的书面表达形式，对于人们学习化学而言具有举足轻重的地位。然而，在掌握化学方程式的书写与理解过程中，往往会遇到各类挑战。

此时，可以使用 AI 工具进行辅助学习。AI 可以通过智能化的方式解析化学反应原理，指导人们正确配平方程式，揭示反应物与生成物之间的摩尔比例关系。同时，AI 还能实时检测并纠正化学方程式中的书写错误，提高学习效率。

（1）打开 https://yiyan.baidu.com/ 网址，注册并登录进入文心一言的主页界面，在文本框内输入甲烷燃烧发生反应的化学方程式"请检查甲烷燃烧的化学方程是否正确：$CH_4 + O_2 = CO_2 + H_2O$"的指令，如下图所示。

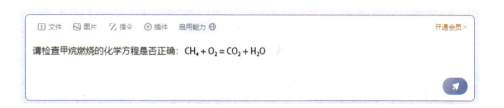

（2）单击"✈"按钮发送指令，文心一言将根据指令进行化学方程式分析解答，结果如下图所示。

【分析】

本题考查化学方程式的书写，掌握化学方程式的书写原则及方法是解题的关键。

【解答】

甲烷在氧气中燃烧生成二氧化碳和水，该化学方程式没有配平，正确的化学方程式应为：$CH_4 + 2O_2 \xrightarrow{\text{点燃}} CO_2 + 2H_2O$，故该化学方程式书写错误。

故答案为：错误。

（3）如果想进一步探究化学方程式正确的配平过程，可以进一步给出相关指令，得到的回答如下图所示。

请具体讲解一下配平过程。

在化学方程式的配平过程中，主要目标是确保反应物和生成物中的每种元素的原子数量在反应前后都是相等的。

对于甲烷燃烧的反应：

$CH_4 + O_2 \rightarrow CO_2 + H_2O$

首先，观察反应物和生成物中的碳原子。在反应物中，有一个碳原子在CH_4中，而在生成物中，也有一个碳原子在CO_2中。因此，碳原子已经平衡。

接下来，观察氢原子。在反应物中，有4个氢原子在CH_4中，而在生成物中，只有2个氢原子在H_2O中。为了使氢原子平衡，需要在生成物一侧添加2个水分子，即$2H_2O$。

最后，观察氧原子。在反应物中，有2个氧原子在O_2中（因为氧气是双原子分子）。在生成物中，有2个氧原子在CO_2中，还有2个氧原子在$2H_2O$中（每个水分子有1个氧原子，共有2个水分子）。因此，为了使氧原子平衡，需要在反应物一侧添加1个氧气分子，即$2O_2$。

综合以上分析，配平后的化学方程式为：

$CH_4 + 2O_2 \xlongequal{点燃} CO_2 + 2H_2O$

这样，反应物和生成物中的每种元素的原子数量在反应前后都是相等的，符合化学方程式的书写原则。

由文心大模型 3.5 生成

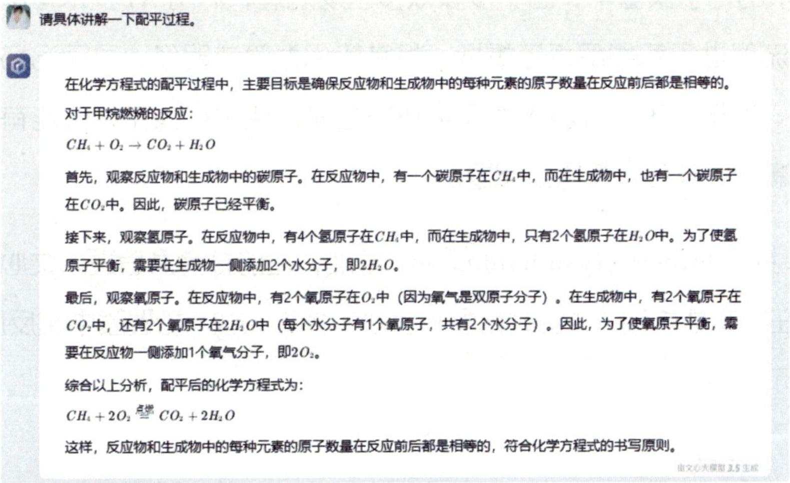

（4）此外，还可以学习关于写化学方程式的方法，只需要在文本框内输入“化学方程式的书写步骤与技法”等相关指令，即可得到具体方法，如下图所示。

化学方程式的书写步骤与技法。

化学方程式的书写步骤与技法可以归纳如下：

一、书写步骤

1. **确定反应物和生成物**：首先，明确参与反应的物质（反应物）和反应后生成的物质（生成物）。
2. **配平化学方程式**：
   - 可以通过最小公倍数法、奇数配偶法或观察法等方法，确保方程式左右两边的原子数目相等。
   - 这些方法涉及选定特定的元素作为配平的起点，并计算其最小公倍数或偶数倍数，以得到反应物和生成物化学式前面的系数。
3. **注明反应条件**：
   - 在方程式上方或下方添加适当的反应条件，如温度、压力、催化剂等。
   - 注意，常温常压下可以进行的反应，不必写条件；但是题目中的实验若有特定的条件，一律标注该特定条件。
4. **使用合适的符号和表示法**：
   - 使用化学符号和表示法来表示反应物和生成物。
   - 例如，使用“(s)”表示固体，“(l)”表示液体，“(g)”表示气体。
   - 对于气体反应物或生成物，若反应物中没有气体，则生成的气体需使用“↑”标注；在溶液中进行的化学反应，有难溶物质生成时，用“↓”号表示。
5. **检查方程式的准确性**：
   - 确保原子数目相等，物质的电荷守恒，以及反应类型和条件的正确。

二、书写技法

1. **最小公倍数法**：选定在化学方程式两边各出现一次，原子数目较大且有变化的一种元素，作为配平的起点，求出这种元素在化学方程式两边的原子数目的最小公倍数，用最小公倍数分别除以相应的反应物和生成物化学式里的该原子数目，就得到这两种化学式前面的系数。

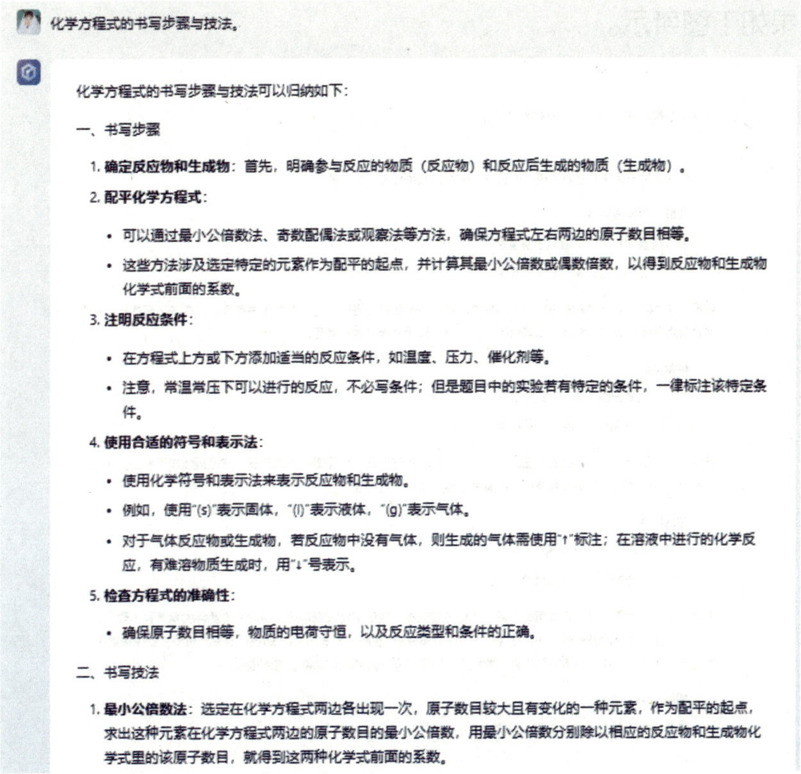

用 AI 掌握化学实验的方法

在复杂的化学实验中，由于步骤众多且易混淆，利用 AI 技术可以将复杂的化学实验流程进行智能解析与重构，将其转化为简洁明了、易于记忆的口诀或者顺口溜。这样一来，实验人员只需按照这些口诀进行操作，就能有效地避免因记忆疏漏而导致的步骤错误问题。

（1）打开 https://yiyan.baidu.com/ 网址，注册并登录后进入文心一言的主页界面，在文本框内输入"生成化学实验基本操作口诀，如碳酸中和反应"指令，如下图所示。

（2）单击"✈"按钮发送指令，文心一言将根据指令生成化学实验的操作口诀，结果如下图所示。

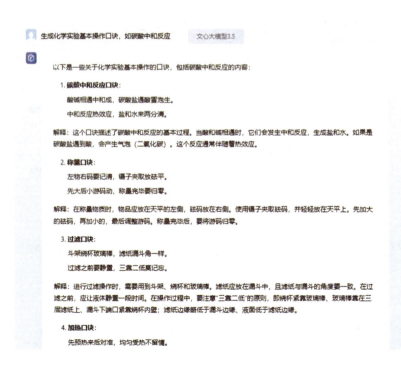

第 10 章

用DeepSeek进行深度探索

初识 DeepSeek

DeepSeek 是什么

DeepSeek 是一款由杭州深度求索（DeepSeek）官方推出的 AI 大模型，具备强大的智能问答和多模态交互能力，能够理解并生成自然语言，提供精准的回答和建议，适用于多种场景，例如，可以帮助学生在各个学科领域中提高学习效率和效果，还可以成为学生探索世界、培养兴趣爱好的小助手。

DeepSeek 的发展及爆火

2023 年 7 月 17 日，DeepSeek 由梁文锋创立，正式进军通用人工智能（AGI）领域。

2024 年 12 月 26 日，发布 V3 模型，处理速度相比前一版本提升至 3 倍，在多语言处理能力上表现出色。

2025 年 1 月 20 日，发布 R1 推理模型，其性能与 OpenAI o1 相当，同时 API（应用程序编程接口）价格仅为 OpenAI o1 的 3.7%，并且完全开源。

2025 年春节期间，DeepSeek 凭借 R1 模型的开源策略与极致性价比，掀起全球 AI 领域现象级热潮。短短 7 天，DeepSeek 全球注册开发者突破 200 万，API 调用量激增 500%，服务器多次紧急扩容。社交媒体上，#DeepSeek 春节 AI 革命 # 话题阅读量超 10 亿。

截至 2025 年 2 月 11 日，已经有 44 家国产平台接入 DeepSeek R1。

DeepSeek 与其他 AI 工具的区别

DeepSeek 与其他 AI 工具相比，具有以下独特之处。

产品定位与技术路线

DeepSeek 是一个全方位的 AI 模型开发商，其产品线涵盖了从基础大语言模型到特定应用场景的定制化模型。例如，DeepSeek V3 是一个类似于 GPT-4o 的生成式大语言模型，而 DeepSeek R1 则是一个推理模型，专注于提供高效、低成本的推理服务。

DeepSeek 优先考虑开源开发，这种开放性不仅提高了透明度，还促进了社区的协作改进，降低了 AI 技术的采用门槛。

应用场景

DeepSeek 的应用场景非常广泛，包括智能客服、内容创作、教育辅助、数据分析、代码生成等。

DeepSeek 在中文理解上表现出色，能够精准处理方言、古文及网络新兴用语，在语义消歧和情感分析任务中达到行业领先水平，还能自动优化学术写作，准确率比同类产品高。

性能表现

DeepSeek 在推理、编码和数学等技术任务中表现出色。第三方基准测试显示，DeepSeek-R1 在逻辑问题解决、数学计算和代码生成方面的表现优于 GPT-4o 和其他领先的 AI 模型。

如何获取 DeepSeek

手机版

获取手机版 DeepSeek 有两种途径，一是进入 DeepSeek 官网后，将鼠标移动至"获取手机 APP"区域，扫描弹出的二维码下载。二是在手机自带的应用商城中，搜索"DeepSeek"，点击下载安装。

网页版获取及使用方法

在这里笔者以 DeepSeek 网页版为例演示其基本使用方法，手机版与之类似，这里不再讲解。

（1）打开 DeepSeek 应用或点击 https://www.deepseek.com/ 访问其官方网站，注册登录后进入下图所示界面。

（2）点击首页"开始对话"图标，进入下图所示界面。

（3）在文本框中输入相关问题的文本指令。例如，接下来笔者想要让 DeepSeek 向五年级的学生介绍什么是区块链技术，在文本框中输入"请用最通俗易懂的语言，例如使用生活中的例子，向一位完全不懂技术的小学五年级学生，解释一下什么是区块链技术，字数控制在 200 字以内"的文本提示指令。如下图所示。

（4）在文本框的下方有"深度思考（R1）和"联网搜索"两个选项。

在开启"深度思考"功能后，DeepSeek 能够在回答用户问题之前生成内部思维链，逐步分解复杂问题并推理出答案。这种深度思考能力使得 DeepSeek 在回答问题时更加准确、可靠。

在开启"联网搜索"后，通过"搜索—总结—输出"的流程，DeepSeek 能够快速从互联网上获取信息并生成简洁、准确的回答。这一功能使得 DeepSeek 能够实时更新知识储备，保持与时俱进。

推荐优先使用"深度思考"和"联网搜索"功能，如果遇到网络繁忙的情况再使用普通生成。

（5）完成相关的设置后，点击右方的 ⬆，即可得到想要的问题答案，如下图所示。

想象一下，你们全班同学一起玩一个游戏，每个人都有一个笔记本，用来记录谁赢了玻璃球。每次游戏结束，所有人都会同时在自己的本子上写下结果，比如"小明赢了3颗"。如果有人偷偷修改自己的记录（比如改成"小明赢了10颗"），大家一对比就会发现不对，因为多数人的本子都写的是3颗。这时候，作弊的人必须把记录改回来，否则大家就不带他玩了。

区块链就像这个"共同记账游戏"，每个人的本子连在一起，谁都不能乱改记录。它让陌生人在网上也能放心合作，比如转账时不用找银行帮忙检查，因为全网的"笔记本"会自动核对，确保真实可靠。这样数据既安全，又不会被一个人控制哦！

（6）如果想要上传文件进行分析的话，需要点击右侧的 📎 按钮，上传附件，然后再输入相关的文本提示词，需要注意的是，"联网搜索"模式下是不支持上传附件的，如下图所示。

要注意的是截止到 2025 年 2 月 13 日，可以上传的附件类型是照片或各类文档。文档类包括 PDF、Word（.docx）、TXT；图片类仅支持带有文字的图片（OCR 识别），即 DeepSeek 还不支持 PPT 文档、纯画面图片等附件。

DeepSeek 提示词的撰写注意事项

无须提示词模版技巧

使用 DeepSeek 撰写提示词指令时，不需要太多技巧，因为 DeepSeek 模型的智能程度提升了。

这就像你作为老板，原本是招一个刚毕业的实习生来干活，现在变成一个有五年工作经验的员工来干活，同样安排一个任务，你跟他交代的话肯定不一样。

通俗地说，就是不再需要给 AI 多个示例了，直接描述清楚任务和步骤就行。

例如，我要写一段蛇年拜年祝福语，发给我的长辈。DeepSeek 会自动输出多个风格版本，自己微调一下就能用，如右图所示。

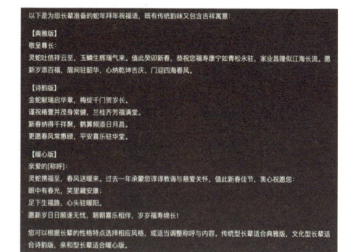

需要多轮对话

在使用 DeepSeek 的时候采用多轮对话的方式往往能收获更好的效果。这是因为很多问题并非简单的一问一答就能彻底弄明白，它们可能涉及多个层面、诸多细节以及相互关联的知识点。另外，DeepSeek 与其他 AI 模型不同，不会遗忘以前的对话内容，因此可以进行多轮对话。

例如，假设你想了解某个历史事件的影响，第一轮对话你可以先大致询问这个事件的基本情况，DeepSeek 会给你一个概括性的回答。然后，在第二轮对话中，你可以针对回答中提到的某个具体方面，如政治影响、经济影响或者对当时人们生活的影响等进行深入追问，这样就能获得更详细的信息。接着，如果对经济影响这一块还不太清楚，第三轮对话就可以继续围绕经济影响展开，询问具体的行业、地区受到了怎样的冲击或者带来了怎样的机遇等。

通过这样逐步深入、层层递进的多轮对话，就像剥洋葱一样，一层层地揭开问题的面纱，最终能够深入到问题的核心，让 DeepSeek 提供更加全面、深入且有针对性的洞察，更好地理解和掌握所学知识。

这对于中小学生的学习来说是非常重要的，因为它能培养大家深入思考问题、全面探究知识的能力，而不仅仅是停留在表面的认知上。

用 DeepSeek 提升学习能力

制定个性化学习计划

DeepSeek 可以根据青少年的学习进度和需求，制定个性化的学习计划。通过分析学习数据，能够提供针对性的学习建议和资源，帮助青少年更高效地学习。使用 DeepSeek 制定个性化学习计划的操作方法如下所示。

（1）打开 DeepSeek 首页界面，在文本框中输入"我是一名六年级的学生，每天可以抽出两小时学习，已经具备一定的英语基础，但听力和写作较为薄弱，我有英语教材、在线学习平台账号，以及一些英语学习类的手机应用，请以表格的形式呈现三个月的学习计划，包括日期、学习内容、时间安排和目标"的提示词。

（2）打开"深度思考"选项和"联网搜索"选项，点击右侧的 ⬆ 按钮，即可得到个性化学习计划。得到的计划如下图所示。

以下是针对你情况的三个月英语学习计划表，分阶段提升听力和写作能力，兼顾趣味性和系统性：

周数	学习内容	时间安排	每日目标
第1-2周	听力基础：教材配套音频+动画片段 写作基础：教材句型仿写+单词造句	听力40分钟/写作40分钟/休息20分钟	①听懂教材音频60%内容 ②能用5种句型写10句正确句子
第3-4周	听力进阶：TED-Ed教育动画+Quiz训练 写作进阶：日记写作+语法纠错	听力50分钟/写作50分钟/休息20分钟	①看懂教育动画70%内容 ②连续5天写80词日记无重大语法错误
第5-6周	场景听力：电影片段+角色扮演 应用写作：书信/邮件格式+平台作文批改	听力60分钟/写作40分钟/休息20分钟	①完成3个电影场景跟读 ②掌握2种书信格式写作
第7-8周	学术听力：BBC6分钟英语+笔记法 创意写作：故事续写+在线写作社区互动	听力50分钟/写作50分钟/休息20分钟	①用符号记录听力要点 ②完成200词原创故事
第9-10周	综合听力：新闻播客+变速训练 应试写作：看图作文+范文分析	听力40分钟/写作60分钟/休息20分钟	①1.2倍速听懂日常新闻 ②掌握3种作文开头结尾技巧
第11-12周	模考训练：全真模拟测试+错题分析 专项突破：薄弱环节强化+学习报告总结	模考90分钟/分析30分钟	①听力正确率达75% ②20分钟内完成150词作文

⌄

需要注意的是，让 DeepSeek 制定个性化学习计划之前，一定要把自身的情况和计划需求给 AI，这样才能做到匹配自身学习习惯。相关技巧如下所示。

首先，提供你的学习背景信息，例如："我是一名六年级学生，我每周一、三、五晚上 7 点到 9 点有时间学习，周末可以安排半天，已经具备一定的英语基础，但阅读和写作较为薄弱"。

其次，明确学习目标。告诉 AI 你的学习目标，例如："我想要在三个月内提高阅读能力。

然后，确定学习风格，例如："我喜欢通过做练习题来巩固知识，也喜欢看一些相关的视频教程来加深理解"。

也可以提出特殊的要求，例如："我希望学习计划中包含一些定期测试，以便我了解自己的进步情况"。

最后，指明输出格式，例如："请以表格的形式呈现学习计划，包括日期、学习内容、时间安排和目标"。

对诗歌进行分类整理

将诗歌按照类别进行系统化的积累与整理，能够极大地助力我们的记忆过程，使得各类诗词的韵律、意境和主题更加鲜明且易于把握，DeepSeek 能够对海量的诗歌资源进行智能分类和精细化整理，从而提高学习效率。

接下来笔者将使用 DeepSeek AI 工具，以表格的形式整理有关描写花朵的诗歌，具体操作如下所示。

（1）打开 DeepSeek 首页界面，在下方文本框输入文字指令，笔者输入的文字指令为"请以表格的形式整理一些关于'花儿'的诗词，要求每一句都要细致生动，充分展现花的美丽、芬芳与生机勃勃的景象。请确保每首诗词都有明确的作者，并在整理时注意保持原诗词的全部信息和情感表达"。

（2）打开"深度思考"选项和"联网搜索"选项，点击右侧的 ⬆ 按钮，即可得到相关诗歌整理，笔者截取了部分结果，如下图所示。

请以表格的形式整理一些关于"花儿"的诗词，要求每一句都要细致生动

以下是以表格形式整理的经典"花卉"诗词，包含诗句出处、作者、生动描写及情感表达：

诗句	出处	作者	生动描写与意象分析	情感表达
"黄四娘家花满蹊，千朵万朵压枝低。"	《江畔独步寻花·其六》	杜甫（唐）	"千朵万朵"以夸张手法写繁花之密，"压枝低"拟人化表现花朵沉甸甸的生命力，色彩斑斓跃然纸上。	春日赏花的欢愉，对平凡生活中自然之美的赞叹。
"接天莲叶无穷碧，映日荷花别样红。"	《晓出净慈寺送林子方》	杨万里（宋）	色彩对比强烈，"碧"与"红"交织，荷叶的辽阔与荷花的明艳构成视觉冲击，展现夏日荷塘的壮美生机。	对西湖盛景的震撼，暗含对友人前程的祝福（以荷喻君子高洁）。
"知否，知否？应是绿肥红瘦。"	《如梦令·昨夜雨疏风骤》	李清照（宋）	"绿肥红瘦"以颜色与形态的巧妙对比，写海棠经雨后叶茂花残之景，暗藏时光流转的细腻感知。	惜春伤怀的淡淡愁绪，对青春易逝的敏感体悟。
"人间四月芳菲尽，山寺桃花始盛开。"	《大林寺桃花》	白居易（唐）	"芳菲尽"与"始盛开"形成时间差对比，突显山桃花的意外绽放，赋予桃花冲破地理限制的倔强生命力。	发现自然奇迹的惊喜，暗喻困境中仍存希望的人生哲理。
"疏影横斜水清浅，暗香浮动月黄昏。"	《山园小梅》	林逋（宋）	以水影、月色为背景，勾勒梅花清瘦姿态，"暗香浮动"从视觉到嗅觉多层次渲染梅花幽雅气质。	对梅花高洁品格的倾慕，寄托隐逸山林的恬淡心境。

AI 出题巩固已学课本知识

学习任何科目知识，有针对性地刻意练习至关重要。但目前的教育模式尚不能很好地达到刻意练习的目的，因为学生数量通常较多，老师无法兼顾不同学生的学习进度及学习能力，因此通常是按学生的平均水平布置练习性作业，这就导致学习基础较差的同学感觉吃力，而基础较好的同学又"学有余力"。

在这种情况下，同学们根据自己的学习进度和学习基础使用 DeepSeek 来出题，可能不失为一个更好的选择。因为，DeepSeek 可以"因材施教"，根据同学们自己提出的知识点、难度、数量来出题。接下来笔者将通过 DeepSeek 来出题巩固已学的课本知识，具体操作步骤如下所示。

（1）打开 DeepSeek 首页界面，在下方文本框输入文字指令，笔者输入的文字指令为"请根据人教版八年级下册课文《桃花源记》设计一些问题，注意问题的设计应具有启发性，且不要求给出答案"。

（2）打开"深度思考"选项和"联网搜索"选项，点击右侧的 ⬆ 按钮，即可得到课文相关题目，笔者截取了部分题目，如右图所示。

《桃花源记》启发性问题设计

一、探寻桃源，感悟理想

1. 渔人为何"缘溪行，忘路之远近"？ 是偶然迷路，还是内心有所追寻？
2. 桃花林的出现有何象征意义？ 为何是"桃花林"而非其他树林？
3. "初极狭，才通人"的洞口，暗示了什么？ 进入桃源需要经历怎样的过程？
4. 桃源人的生活与外界有何不同？ 你如何看待这种"不同"？
5. 渔人离开时，桃源人叮嘱"不足为外人道也"，你如何理解这句话？ 他们是在逃避现实，还是在守护理想？

二、品味语言，体会意境

1. 文中哪些描写给你留下了深刻印象？ 试分析这些描写的妙处。
2. "黄发垂髫，并怡然自乐"描绘了怎样的画面？ 你能用自己的语言描述这幅画面吗？
3. "阡陌交通，鸡犬相闻"与"屋舍俨然，有良田美池桑竹之属"两句话，在句式上有何特点？ 这样的句式对表达效果有何作用？
4. 文章结尾写渔人"处处志之"，但最终"不复得路"，你认为作者这样写的用意是什么？

（3）如果做完题想要上述题目的答案，在原本对话界面中的文本框输入如"现在可以给出答案了"的指令即可。DeepSeek 生成的答案部分截图如下图所示。

好的！以下是针对《桃花源记》设计问题的参考答案，供参考：

一、探寻桃源，感悟理想

1. **渔人为何"缘溪行，忘路之远近"？**

   渔人可能是被自然美景吸引，也可能是内心对未知世界充满好奇，暂时忘却了现实生活的束缚。这反映了他对自由、宁静生活的向往。

2. **桃花林的出现有何象征意义？**

   桃花林象征着美好、纯净的理想世界。桃花在中国文化中常代表幸福、安宁，而"林"则暗示了一个与世隔绝的隐秘之地。

3. **"初极狭，才通人"的洞口，暗示了什么？**

   洞口狭窄象征进入理想世界的艰难，需要经历考验或突破现实的束缚。这也暗示桃源并非轻易可至，需要机缘和努力。

4. **桃源人的生活与外界有何不同？**

   桃源人生活安宁和谐，没有战乱、压迫和剥削，人与人之间平等友爱。这与外界的动荡、纷争形成鲜明对比。

5. **渔人离开时，桃源人叮嘱"不足为外人道也"，你如何理解这句话？**

   桃源人可能担心外界打扰他们的宁静生活，也可能认为外界无法理解或接受他们的生活方式。这反映了他们对现实世界的警惕和对理想生活的珍视。

（4）除了可以出题巩固之外，还可以让 DeepSeek 根据文章总结易出现的题型，相关指令和部分回答如下图所示。

> 请根据人教版八年级下册课文《桃花源记》这篇文章总结易出现的题型。

根据《桃花源记》的内容和特点，以下是易出现的题型总结，分为基础题、理解题、拓展题和综合题四大类：

一、基础题

1. **字词解释**

   ◦ 解释加点字的意思：如"缘溪行"中的"缘"、"屋舍俨然"中的"俨然"。

   ◦ 辨析多义词：如"志"（标记/志向）、"舍"（房屋/舍弃）。

2. **句子翻译**

   ◦ 翻译重点句子：如"黄发垂髫，并怡然自乐""不足为外人道也"。

3. **文学常识**

   ◦ 作者陶渊明的简介：字号、朝代、代表作等。

   ◦ 《桃花源记》的文体（散文）及其背景。

处理相等关系题

在学习数学的过程中，相等关系是基本且至关重要的概念，它构成了数学推理和问题解决的基础。对于一些人来说，如何建立相等关系是一大难点。现在，我们可以借助 DeepSeek 来攻克这一难题。DeepSeek 可以将抽象的相等关系概念具体化、形象化，帮助我们直观理解相等关系的本质，并引导我们逐步掌握构建相等关系的方法。

接下来笔者将通过 DeepSeek 来处理相等关系题，具体操作步骤如下所示。

（1）打开 DeepSeek 首页界面，在下方文本框输入文字指令，笔者输入的文字指令为"请列出初中数学相等关系试题，如行程问题、追及问题、相遇问题，并给出相关的分析"，如下图所示。

请列出初中数学相等关系试题，如行程问题、追及问题、相遇问题，并给出相关的分析

😉 深度思考 (R1)　　⊕ 联网搜索　　　　　　　　　　　　　　　　

（2）打开"深度思考"选项和"联网搜索"选项，点击右侧的⬆按钮，即可得到课文相关题目，如下图所示。列举相关关系的有关问题及分析，笔者截取了部分结果，如下图所示。

❤ 一、行程问题

例题1：

小明骑自行车从家出发去学校，速度为15 km/h，同时小华从学校出发步行回家，速度为5 km/h。已知家与学校相距30 km，问他们何时相遇？

分析：

1. 设相遇时间为t小时。

2. 小明行驶的距离为$15t$ km，小华行驶的距离为$5t$ km。

3. 两人行驶的总距离等于家与学校的距离，即：

$$15t + 5t = 30$$

4. 解方程：

$$20t = 30 \Rightarrow t = 1.5 小时$$

5. 因此，他们将在1.5小时后相遇。

1. **行程问题**：通常涉及两个或多个物体在不同速度下的运动，关键在于找到总距离与时间的关系。

2. **追及问题**：涉及一个物体追赶另一个物体，关键在于找到两者行驶距离相等的时间点。

3. **相遇问题**：涉及两个物体相向而行，关键在于找到两者行驶距离之和等于总距离的时间点。

4. **综合问题**：可能涉及多个运动方向或复杂条件，需要综合运用行程、追及、相遇等问题的解决方法。

（3）如果想要继续巩固这一相关题型，需要给 DeepSeek 进一步的指令，在文本框中输入"请根据以上题型，帮我出几个类似的题目，先不要给出答案"，得到的结果如下图所示。这些是根据上述题型设计的类似题目：

一、行程问题

小红从图书馆骑电动车前往公园，速度为20 km/h，同时小刚从公园步行返回图书馆，速度为4 km/h。已知图书馆与公园相距48 km，问他们出发后多久会相遇？

二、追及问题

两辆赛车在赛道起点准备，A车以25 m/s的速度率先出发，B车在A车出发5秒后以35 m/s的速度开始追赶。问B车需要多少时间才能追上A车？

三、相遇问题

两艘轮船分别从相距720 km的A港和B港同时出发，相向而行。若甲船的速度为45 km/h，乙船的速度为35 km/h，问几小时后两船会相遇？

四、综合问题

无人机甲从地面垂直上升，速度为12 m/s；无人机乙同时从同一地点水平向东飞行，速度为9 m/s。问30秒后，两架无人机之间的直线距离是多少米？

五、变式追及问题

小明以6 km/h的速度步行去博物馆，出发1小时后，他的朋友小亮发现小明忘带门票，立即骑自行车以14 km/h的速度追赶。问小亮需要多久能追上小明？

（4）题目做完后向 DeepSeek 询问答案即可，文字指令如下所示"请给出以上题目的答案及相关分析"，得到的问题部分解析如下图所示。

以下是题目答案及分析：

一、行程问题（相遇问题）

答案：2小时后相遇
分析：

- 设相遇时间为 t 小时。
- 小红行驶距离：$20t$ km；小刚行驶距离：$4t$ km。
- 总距离关系：$20t + 4t = 48 \Rightarrow 24t = 48 \Rightarrow t = 2$ 小时。

学习物理中常见的现象

生活中的物理现象是最直观的教学素材，能够引发我们对物理世界的好奇心和探索欲望。如日食、月食、彩虹形成、磁铁吸铁、弹簧的伸缩等，都是日常生活中蕴含深刻物理原理的实际例子。当我们在没有教师即时指导的情况下想要深入理解这些现象背后的科学原理时，仅仅依赖网络搜索获取的信息可能会由于专业术语或复杂解释而显得难以消化。

这时，人工智能技术扮演着重要的角色，通过 AI 智能助手，可以将高深复杂的物理概念转化为通俗易懂的语言，帮助我们逐步解析和理解这些生活中的物理现象。接下来，笔者将通过 DeepSeek 来学习物理中常见的现象。

（1）打开 DeepSeek 首页界面，在下方文本框输入文字指令，笔者输入的文字指令为"请整理出生活中的物理现象及相关原理，并通过通俗易懂的例子进行解释"的指令，如下图所示。

请整理出生活中的物理现象及相关原理，并通过通俗易懂的例子进行解释。

（2）打开"深度思考"选项和"联网搜索"选项，点击右侧的 ⬆ 按钮，即可得到相关物理原理整理，结果如下图所示。

1. 搓手取暖——摩擦生热

原理：摩擦力做功将机械能转化为热能。

例子：冬天双手快速摩擦会发热，因为手掌间的摩擦力产生热量，类似钻木取火。

2. 筷子"弯折"——光的折射

原理：光从空气进入水中时速度变慢，传播方向改变。

例子：将筷子斜插进水里，看起来像折断了一样，实际是光的折射"欺骗"了眼睛。

3. 刹车时身体前倾——惯性

原理：物体倾向于保持原有运动状态。

例子：急刹车时，身体因惯性继续向前，而安全带会拉住你防止碰撞。

4. 船浮在水面——浮力（阿基米德原理）

原理：物体在水中受到的浮力等于它排开水的重量。

例子：钢铁造的船能浮起，因为船体排开大量水，产生的浮力足以支撑船重。

5. 听诊器传声——固体传声更佳

原理：声音通过固体传播时能量损失少，比空气传得更清晰。

例子：医生用听诊器听心跳，金属部件将振动直接传导到耳朵。

6. 高压锅煮饭快——气压与沸点关系

原理：气压越高，液体沸点越高。高压锅内部气压高，水沸点超过100℃。

例子：高压锅内温度更高，食物熟得更快，类似高原地区煮饭难（气压低，沸点低）。

7. 冰镇饮料"冒汗"——液化现象

原理：空气中的水蒸气遇冷（低温饮料瓶）凝结成小水珠。

例子：夏天从冰箱拿出的饮料瓶外壁很快出现水珠，类似冬天眼镜起雾。

8. 吸管喝饮料——大气压强

原理：吸管吸气后内部气压降低，外部大气压将饮料压入管中。

例子：用吸管喝水时，其实是大气压力"推"着饮料进入嘴里。

（3）为了巩固以上物理原理，可以让 AI 出题，笔者打算以辩论的形式来运用这些原题，笔者输入的指令为"请根据以上物理现象以辩论的形式展开这些物理知识"，AI 给出的辩题及正反方部分观点如下图所示。

辩论主题：物理定律是生活便利的基石 vs 过度依赖物理原理会忽视自然平衡

正方（物理定律是生活便利的基石）

论点1：物理原理直接解决生活难题

"例如高压锅（现象6），通过提高气压让水在100℃以上沸腾，快速煮熟食物。如果没有掌握气压与沸点的关系，人类至今可能还在忍受耗时费力的烹饪方式。再比如听诊器（现象5），利用固体传声特性精准捕捉心跳声，这是物理学赋予医疗技术的进步！"

论点2：物理规律帮助人类突破自然限制

"阿基米德浮力原理（现象4）让钢铁巨轮浮于水面，打破'重物必沉'的直觉；杠杆原理（现象10）使剪刀、起重机轻松化解人力极限。这些不是违背自然，而是智慧地'借用'自然规则！"

反方（过度依赖物理原理会忽视自然平衡）

论点1：物理应用可能引发环境代价

"撒盐化雪（现象11）看似便利，但盐分渗入土壤会破坏植物生长；人类利用惯性原理设计高速交通工具（现象3），却也导致更多能源消耗和碳排放。物理定律被滥用时，便利背后是生态链的伤痕。"

论点2：过度依赖技术削弱人类本能

"空调取代风扇蒸发降温（现象12），让人体丧失耐热能力；大气压强原理（现象8）催生一次性塑料吸管，制造白色污染。我们沉溺于物理'魔法'，却忘了自然赋予的适应力！"

DeepSeek 其他使用场景

除了以上的使用场景，DeepSeek 在对中小学生的兴趣拓展、生活辅助、综合能力提升等方面也有深远影响，具体如下图中表格所示。

应用分类	具体场景	DeepSeek可提供的帮助	对兴趣/能力的影响
学习辅导	错题分析与巩固	智能分析错题原因，推荐同类题型练习	提升学科专项能力，培养反思习惯
	知识点可视化讲解	将抽象概念转化为图文/动画演示	增强理科学习兴趣，降低理解难度
	外语口语陪练	实时对话纠音，模拟情景对话	提升语言应用能力，建立跨文化兴趣
兴趣拓展	艺术创作指导	提供绘画/音乐创作灵感，解析名家作品	激发艺术潜能，培养审美能力
	编程启蒙助手	用简单案例讲解编程逻辑，辅助完成小游戏开发	培养计算思维，建立科技兴趣
	科学探索实验室	设计趣味科学实验，解释生活现象背后的原理	增强好奇心，培养实证研究意识
生活辅助	时间管理导师	智能生成个性化作息表，追踪执行情况	培养自律能力，平衡学习与休闲
	情绪疏导伙伴	识别情绪状态，提供心理调节建议	促进心理健康，提升情绪管理能力
	社交技巧训练	模拟社交场景，指导解决同学矛盾	增强同理心，改善人际关系处理能力
综合能力	逻辑思维训练营	通过谜题/推理题锻炼结构化思考能力	提升问题解决能力，培养批判性思维
	公众演讲教练	指导演讲稿撰写，模拟演讲场景并提供反馈	增强表达自信，培养领导力潜质
	职业启蒙向导	介绍不同职业特点，匹配兴趣能力推荐探索方向	建立职业认知，促进生涯规划意识
传统文化	诗词创作助手	解析古诗韵律，辅助创作现代仿写作品	传承文化基因，激发文学创作热情
	传统技艺入门	分步讲解书法/剪纸等传统技艺要点	增强文化认同，培养匠人精神
实践应用	校园活动策划	提供主题创意，协助制定实施方案	培养组织协调能力，激发创新思维
	辩论赛备战助手	梳理正反方论据，模拟攻防演练	提升辩证思考能力，强化临场反应
运动健康	科学锻炼计划	根据体质特征设计运动方案，示范标准动作	培养运动习惯，促进体能发展
	营养膳食建议	定制健康食谱，讲解营养搭配原理	建立健康饮食观念，提升生活技能